强正交表与基于分层的空间填充准则

田 烨 著

U0290959

北京邮电大学出版社
www.buptpress.com

内 容 简 介

本书主要介绍了两种评价强正交表及其所代表的分层正交性质的准则. 空间填充设计被广泛应用在计算机试验中. 随着计算机技术的更新换代, 计算机试验需要适用于高维试验空间的设计, 强正交表正是此类型的设计. 强正交表的分层正交性质能保证它在低维投影中具有良好的空间填充性质. 本书详细地阐述了基于分层的空间填充准则和分层模式枚举器这两种评价强正交表的准则, 并深入讨论了这两种准则的性质和构造方法. 上述两种分层准则适用于具有特定水平数的设计矩阵, 包括但不限于强正交表及其延伸设计. 本书使用示例证明了分层准则的实用性, 并提出了一些未来的研究方向.

图书在版编目(CIP)数据

强正交表与基于分层的空间填充准则 / 田烨著.

北京: 北京邮电大学出版社, 2024. -- ISBN 978-7-5635-7300-4

Ⅰ. TP274

中国国家版本馆 CIP 数据核字第 2024VV2831 号

策划编辑: 彭 楠　　**责任编辑:** 彭 楠　耿 欢　　**责任校对:** 张会良　　**封面设计:** 七星博纳

出版发行: 北京邮电大学出版社

社　　址: 北京市海淀区西土城路 10 号

邮政编码: 100876

发 行 部: 电话: 010-62282185　传真: 010-62283578

E-mail: publish@bupt.edu.cn

经　　销: 各地新华书店

印　　刷: 河北虎彩印刷有限公司

开　　本: 720 mm×1 000 mm　1/16

印　　张: 6.25

字　　数: 102 千字

版　　次: 2024 年 8 月第 1 版

印　　次: 2024 年 8 月第 1 次印刷

ISBN 978-7-5635-7300-4　　　　　　　　　　　　　　　定价: 49.00 元

前　言

人们在对未知事物探索的过程中, 往往要不可避免地做试验. 每次探索未知的过程或者系统, 都可以被看作一次试验 (Montgomery, 2017). 在试验资源有限的情况下, 人们通常希望每次试验都能为未知过程或者系统提供足够多的信息量, 从而达到节约试验次数和提高对未知过程或者系统了解程度的目的. 作为数理统计学的一个分支, 试验设计这门技术应运而生, 逐渐发展为一门科学并且有着悠久的理论发展历史. 试验设计最早被广泛应用到工程、农业、化学等领域, 来提高经济效益. 比如, 工厂如何提高所生产的铝合金的质量? 这个问题涉及多个需要研究的变量, 首先便是淬火工艺的选择. 淬火工艺的效果取决于许多选择的设定, 如淬火溶液的浓度和温度、淬火时间等. 若对所有可能的变量都进行试验检测, 将消耗较多的资源和时间. 同时, 即使是同样的变量设定, 源于生产中的不确定性 (锅炉不同, 温度、湿度、时间不同, 铝合金原料不同等), 工业结果也并非完全相同. 若这种扰乱对结果的影响较大, 甚至大于变量的选择, 那将会严重影响试验者对试验结果的判断. 试验设计者将这些因素考虑在内, 应用以概率论和数理统计为主的数学理论, 发展出了一整套理论体系来解决这些试验问题.

试验大致可以分为如下几类 (Wu et al., 2009): 比较某单一变量对结果的影响; 在众多可能的影响结果的变量中挑选影响力比较大的或者比较重要的变量; 响应曲面搜索 (找出取得最佳结果的多个变量的取值组合, 通常使用回归模型进行拟合); 系统优化 (包括最佳结果和最稳定结果的获取); 等等. 我们通常称影响结果的变量为因子. 我们称因子可能的取值数量为因子的水平数. 因子有定量因子和定性因子之分, 因子水平数一般针对定性因子, 在模型中不讨论定量因子的水平数. 每次试验都会有设定的因子水平组合, 我们称之为 "处理". 我们称每次试验的对象为一个试验单元. 一个系统的试验有以下几个基本的步骤: 明确试验任务; 选择结果变量; 选择影响因子及其水平; 制订一个试验计划; 进行试验并收集数据; 分析试验数据; 得到结论. 每个基本步骤都很重要, 但是我们探讨较多的是制订试验计划. 试验设计中有三个基本原则: 重复 (replication)、随机化 (randomization)、分区组 (blocking). 重复试验的目的是估测试验的误差, 这些误差可能来自试验单元、试验时间、观测水平等. 随机化试验为理论分析提供了最佳保护. 对于那些很难平衡、无法察觉的变量, 随机化可以在概率的意义下使其消除, 消灭偏差. 对试验单元分区组会提高试验数据分析的精确度, 在经典的方差分析理论中, 区组造成的差异可以被估计并分离出来, 进而帮助试验者估计真正的因子效应. 在试验设计中, 我们提倡 "能分区组分区组, 不能分区组随机化".

将一个试验计划中所有试验的水平组合写成矩阵的形式, 我们就获得了设计矩阵, 也称设计. 通常, 线性回归模型是试验设计最基础也是最常用的模型之一, 因析试验理论全面地概括了多因子多水平试验设计的内容. 当因子的数量变多或者种类变多时, 普通线性回归模型就不能满足数据分析的需要了, 试验者需要使用带有随机效应的回归模型或者更多复杂的、非线性的模型, 如响应曲面设计、稳健参数设计、嵌套设计与裂区设计等.

随着计算技术和数值方法的出现, 工程师与科学家们经常使用计算机模拟来研究实际或理论物理系统. 为了模拟物理系统, 需要创建表示物理行为的数学模型代入计算机模型 (Santner et al., 2003). 基于物理的模型可以由一组方程表示, 包括线性方程、非线性方程、常微分方程和偏微分方程. 更抽象的模型可以采用随机变量表示, 例如, 排队网络的离散事件模型. 此类真实的物理系统模型通常没有简单的解析公式, 需要通过做试验来获得更多信息. 这类试验的设计称为计算机试验设计, 即我们通过试验来探索复杂的、非线性的计算机模型, 从而达到试验者想要达到的研究目的. 由于计算机模型的复杂性, 建造一个相对简单的替代模型的好处显而易见, 即我们可以更快地探索复杂系统的特征并且有做敏感性分析的可能性. 这些对于原本的计算机模型来说一般是不可得的. 计算机试验者期待使用尽量少的试验来建造一个高质量的计算机模型的替代模型.

空间填充设计是目前计算机试验中最热门的设计. 空间填充设计是指将试验点尽可能均匀地分布在试验空间的设计. 尽管空间填充是一个较为直白的概念, 但定义它的方式却有很多. 例如, 较早提出的拉丁超立方体设计及其衍生设计 (Ba et al., 2015; Dean et al., 2015; Xiao et al., 2017); 使用距离定义的设计, 包括最大最小距离设计和最小最大距离设计 (Li et al., 2021a; Wang et al., 2018; Xiao et al., 2018); 使用偏差 (discrepancy) 定义的均匀设计及其相关设计 (Fang et al., 2018). 当试验空间的维度较高时, 使用距离定义的设计在低维度的投影设计不均匀. 因此, 投影设计的均匀性也成为一个评价空间填充设计的重要指标, 是近些年较为热门的研究方向. 最大投影设计 (Joseph et al., 2015) 和均匀投影设计 (Sun et al., 2019) 是将投影均匀性作为重要考量依据定义出的空间填充设计. 投影均匀性与正交性具有紧密联系. 拉丁超立方体保证了设计的一维投影均匀性, 强度为 t 的正交表保证了设计的 t 维及以下的投影正交性, 正交表的应用逐渐出现在计算机试验和空间填充设计的研究范围中 (Owen, 1992; Tang, 1993).

2013 年, He et al. (2013) 介绍了强正交表的定义. 强度为 t 的强正交表保证了设计的 t 维及以下的投影正交性, 同时也保证了设计投影在分得更细的格子下的均匀性. 强正交表的投影性质较为新颖, 获得了研究者的广泛关注, 相关的许多研究也随之而来. He et al. (2018) 介绍了强度为 2+ 的强正交表, 这种新定义的强度解决了强正交表限制试验次数的问题, 扩大了强正交表的应用范围. 强度为 2+ 的强正交表的衍生设计也相继被提出 (Jiang et al., 2021; Shi et al., 2019; Zhou et al., 2019). 同时, 研究者们也讨论了强度为 3 的强正交表和具有其他性质的强正交表 (He et al., 2014; Li et al., 2021b; Shi et al., 2020). 在强正交表与其他具有投影性质的空间填充设计的联系方面, 也有相关成果发表 (Chen et al., 2022; Sun et al., 2023).

有关强正交表的研究大多集中于设计矩阵的构造和性质研究, 较少研究讨论如何评价一个强正交表. 强度是一个直白的评价指标, 它的要求较为严格, 并且同样强度的强正交表也有不同的性质 (即使强度为 2+), 因此探讨强正交表的评价是有意义的. 在提出强正交表的文章中, He et al. (2013) 指出强正交表与伪蒙特卡洛法以及 digital nets 的关系, 这可以成为一个探讨强正交表性质和评价的切入口. 我们称强正交表特有的投影性质为分层性质, 以区别于传统投影只考虑投影维度的问题. Tian et al. (2022) 提出了基于分层的空间填充准则, 利用最小低阶混杂准则的思想构建了分层性质的代数表示框架. 基于分层的空间填充准则被提出后, 分层性质的代数探索也将继续下去, 我们介绍了分层模式枚举器. 分层模式枚举器是基于分层的空间填充准则的 "升级版", 它具有合理的计算复杂度, 因此能被广泛应用到实践中去.

本书的第 1 章主要介绍了三部分背景知识: 计算机试验的发展历程、理论框架和分析方法; 空间填充设计的定义、几类较为热门的空间填充设计及其特色; 强正交表的定义、性质以及衍生设计. 本书的第 2、3 章详细地叙述了作者及其老师徐洪泉教授针对强正交表所代表的分层性质在评价准则方面的探索, 包含基于分层的空间填充准则、分层模式枚举器这两部分内容.

这里特别感谢北京邮电大学给予新入职老师的科研经费支持, 同时特别感谢北京邮电大学理学院数学系、北京邮电大学数学与信息网络教育部重点实验室提供的帮助. 本书借鉴了很多科研工作者在强正交表相关方面取得的科研成果, 在此对他们表示感谢!

目　　录

第 1 章　空间填充设计与强正交表

我们将在本章介绍空间填充设计和强正交表. 随着科学技术的发展, 计算机模型逐渐成为研究复杂问题的手段. 科学家们用计算机代码将一些复杂或者昂贵的过程表示出来. 因此, 对这些过程做试验就可以转化为在计算机上进行模拟试验. 即使如此, 运行这些计算机代码的代价也相对较大. 计算机试验能合理安排试验设计, 优化试验方案, 节约试验成本. 与传统试验不同的是, 计算机试验并没有系统性随机误差. 输入相同的条件运行计算机模型, 得到的结果将是相同的. 因此, 我们不再需要假设随机误差的存在, 也不再需要重复试验, 计算机试验需要使用和传统试验不一样的统计学模型去模拟原复杂系统. 在计算机试验中, 高斯过程模型被广泛使用. 高斯过程模型对于复杂的黑盒模型有很高的适应度, 在难以解析的函数上表现得尤为稳健. 高斯过程模型的假设中并没有随机误差, 符合计算机试验的要求.

空间填充设计经常被用于计算机试验中. 计算机试验在大部分情况下是模拟较为复杂的物理、化学、生物过程, 难以解析的偏微分模型, 非线性的复杂系统等. 在复杂的系统下, 统计学中的大部分线性模型都难以实现较好的模拟效果. 因此, 在做试验设计时, 试验点需要尽可能地带给我们有代表性的信息. 空间填充设计就是这样的设计. 空间填充设计的试验点均匀地散布在试验空间中, 在没有先验信息的前提下, 这样的试验点能最大程度地获取计算机模型在试验空间上的信息. 特别地, 空间填充设计适合高斯过程模型. 高斯过程模型的相关函数与试验点之间的距离相关. 若距离太近, 则会导致试验资源的浪费; 若距离太远, 则会影响高斯过程模型估计的精度. 因此, 高斯过程模型使用空间填充设计是合理、有效的. 强正交表是空间填充设计的一种. 强正交表在低维试验空间上表现较好. 基于强正交表所代表的分层正交性, 学者们提出了很多强正交表及其变形矩阵的构造方法和性质理论. 本书将围绕强正交表及其分层正交性的评价准则展开讨论.

1.1　计算机试验与高斯过程模型

试验设计的研究在现代工业中极其重要. 现代工业、科学和工程有许多需要达成的目标, 例如, 提高工业产品产量、质量, 减少质量浮动和变异性, 提高可靠性, 减少研发时间和降低研发成本等. 试验设计作为研究如何实现这些目标的工具而获得广泛的关注. 一个好的试验设计应该最大限度地减少所需的试验次数, 获取尽可能多的信息.

传统上, 试验是在试验室、工厂或一块农田上进行的, 这称为物理试验. 物理试验的应用非常广泛, 例如, 通过机械工序制作纸浆的化学过程涉及化学反应阶段的初始 pH 值、温度、处理时间、液木质比例、二氧化硫浓度, 以及机械阶段的浆液浓度和制盘空隙等变量, 这些变量都影响最终纸浆的质量. 为了获得具有某些好特质的纸浆, 纸浆厂需要做很多物理试验来调整这些可能的变量. 物理试验中存在随机误差, 哪怕每次试验都使用相同的试验设置, 我们也有可能得到不同的结果, 这是物理试验复杂性的体现. 这些误差可能源于试验单元或者试验条件 (温度、湿度、时间), 甚至源于观测的不准确性 (观测手段和观测工具). 物理试验中的随机误差给试验设计带来了挑战, 在设计试验时, 实施者要考虑周全, 以应对数据分析和建模的复杂性. 同时, 由于这种复杂性, 试验者一般只选择一个或几个因子进行试验, 并不会将所有可能的变量都列入一次试验的范畴.

许多物理试验既昂贵又耗时, 有些物理过程通常很难甚至不可能通过传统方法进行试验研究. 随着计算能力的迅速增强, 科学家可以通过复杂的方法对其中的一些物理过程进行数学建模, 并且使用计算机代码来模拟. 过去几十年来, 计算机试验和基于计算机的模拟已成为试验设计中一个广受关注的主题. 计算机试验和物理试验的区别在于, 计算机试验是确定的, 没有随机误差, 即同一个试验设置获得的结果是完全相同的, 并不会因为不可控制的试验条件或者观测手法的改变而改变. 这是计算机试验设计与物理试验设计一个非常重要的不同之处, 并且也使计算机试验的数据分析方式有了很大的变化. 试验设计中的三个基本原则在计算机试验中并不会被用到. 同一组输入运行两次, 代码会产生相同的答案, 因此重复是不需要的. 随机安排计算机试验的顺序也并不会影响结果的内容, 只不过结果出现的顺序不同, 因此随机失去了它的意义. 计算机试验分区组并不能改变试验的任何结果, 因此分区组也无关紧要. 除了确定性之外, 计算机试验还涉及运行起来很耗时的代码, 有些代码运行 12 小时甚至更长的时间只输出一个结果. 另外, 计算机试验输入变量的数量通常比物理试验多很多, 有时有 15~20 个, 甚至更多. 变量数量较多的原因之一是科学家不仅可以输入工程变量 (可以通过工程师或科学家控制的变量), 还可以输入代表操作条件和代码设置的变量, 这些变量在物理试验中一般是由环境和试验单元决定的并且不容易更改. 综上, 计算机试验的目标之一是找到一个简单的替代模型来替代原来复杂的计算机代码. 这个简单的替代模型已成为研究物理试验的有效工具.

例 1.1.1 我们可以将一次性舰载飞行探测器发射建模为一个动力系统. 发射参数是多个参数的组合, 包括波浪和风的运动、船舶的晃动、探测器与发射支架之间的相对运动、发射方向、支持发射系统的相对方向等. 科学家由此构造了一个复杂的数学模型并在计算机模拟中实现了它. 在这个模型中, 科学家建立了一系列坐标系来量化这些可能的参数, 包括: 船舶摇摆的六个自由度; 两个发射系统回转自由度; 启动引导的参数; 可以调节的发射位置; 两期启动程序; 由无限制方位角和大范围仰角组成的大范围发射方向. 由于试验成本较高, 试验者只考虑了两个关键因素 (方位角和俯仰角) 和两个结果变量 ω_1 和 ω_2. 对于任意给定的上述参数, 对应的 ω_1 和 ω_2 可以通过求解一组微分方程来计算. 由于系统的复杂性, Fang et al. (2000) 在计算机试验中, 使用均匀设计找到了一个基于多项式的简单模型, 以对舰载飞行探测器发射进行模拟.

例 1.1.2 计算机模型可以用于预测封闭环境中的火灾状况. Cooper et al. (1985) 提出了一个数学模型, 该模型用于描述门窗紧闭的单间内火灾的演变过程. 假设在天花板下方的某个位置有一个已被点燃的物体, 且该房间的地板上有一个小地漏, 以防房间里的压力增加. 火源释放随时间改变的热量和燃烧副产物, 燃烧副产品形成羽流升向天花板. 当羽流到达天花板时, 它会扩散并形成热气层随时间下降. 热气层与下层空气之间存在一个相对尖锐的平面, 它们之间的温度交流仅通过羽流. 这个模型可以被描述为 "两区域" 模型.

Cooper et al. (1985) 创建的模型代码称为 ASET. Walton (1985) 提出的计算机代码 ASET-B 实现了他们的模型. ASET-B 易于运行, 并使用更简单的数值技术解出了 ASET 内的微分方程. ASET-B 的输入变量有: 房间天花板的高度和房间地板的面积; 燃烧物体 (火源) 距地面的高度; 房间的热损失分数 (取决于房间的隔热情况); 特定材料的热释放率; 模拟的最长时间. ASET-B 输出基于时间和与火源距离的热气层的温度.

例 1.1.3 (An et al., 2001) 机器人手臂的运动轨迹经常用作神经网络的例子. 考虑一只有 m 个节段的机器人手臂, 肩膀固定在 (u,v) 平面的原点. 该手臂的节段的长度为 $L_j, j = 1, \cdots, m$. 机器人手臂的第一段与 (u,v) 平面的水平轴夹角为 θ_1. 对于 $k = 2, \cdots, m$, 机器人手臂的第 k 段与第 $k-1$ 段的夹角为 θ_k. 机器人手臂的末端位于

$$
\begin{cases}
u = \sum_{j=1}^{m} L_j \cos\left(\sum_{k=1}^{j} \theta_k\right), \\
v = \sum_{j=1}^{m} L_j \sin\left(\sum_{k=1}^{j} \theta_k\right).
\end{cases}
$$

该模型的输出变量是机器人手臂的末端与肩膀的距离 $y = \sqrt{u^2 + v^2}$. y 由 $2m$ 个变量决定: $\theta_j \in [0, 2\pi], L_j \in [0,1], j = 1, \cdots, m$. 对于这个计算机模型, Ho (2001) 给出了一个分为 3 段的机器人手臂的近似模型 $y = g(\theta_1, \theta_2, \theta_3, L_1, L_2, L_3)$.

例 1.1.4 (Dean et al., 2015) 20 世纪 70 年代中期, 在美国核管理委员会的资助下, 洛斯阿拉莫斯国家实验室统计科学小组与核反应堆安全代码模型的开发人员合作, 研究核电站的各种事故场景和潜在后果. 1975 年 3 月 22 日发生在阿拉巴马州布朗斯费里核电站的事故激发了人们对风险和安全评估的兴趣. 在布朗斯费里, 工人们在电缆铺设室的维修区域用蜡烛寻找漏气处, 引发了一场意外火灾. 火势随后蔓延至 1 号机组反应堆大楼, 造成了此楼以及 2 号机组反应堆控制电缆的损坏. 在对基于核反应堆安全模型的统计分析中, 科学家对计算机模型的输入空间进行采样, 根据样本来了解不同的事故场景的相关风险. 每次采样执行代码时都会使用大量的计算资源, 这限制了研究中可以包含的执行次数. 因此, 基于计算机试验设计的有效的采样成为此计算机模型研究的焦点. 随着核安全研究的不

断深入, 计算机试验的研究领域不断丰富, 理论研究成果不断涌现, 如复杂的统计抽样、试验设计和分析方法等.

在本章, 我们将计算机模型输出表示为 y, 输入表示为 k 维向量 x, 计算机模型本身为函数 M, 则计算机模型可以用以下简单的公式表示:

$$y = M(x), \quad x \in \mathcal{X},$$

其中, $\mathcal{X}$ 是 x 有意义的取值范围, 通常也被称作试验空间. 即使多次执行 M, 同一个 x 仍对应同一个 y, 因为计算机模型是确定性模型.

由上述的例子可以看到, 计算机模型的函数 M 一般来说是高维度的、难求解析解的、数学性质不简单的函数, 计算机代码执行一次的时间有可能很长. 因此, 要研究计算机模型的性质或者寻找最优输出, 通常需要建造一个替代模型. 统计学家希望构造的替代模型能够较好地还原原来的计算机模型, 同时不能太复杂, 否则会失去寻找替代模型的意义. 计算机试验设计就是为了构造替代模型对原模型进行的有计划的试验设计. 替代模型有很多种, 常见的有最小二乘多项式回归模型、神经网络、样条插值函数等. 然而, 在计算机试验的相关文献中, 最流行的替代模型是高斯随机过程模型, 简称为高斯过程模型. 因此, 本章将重点介绍高斯随机过程模型.

假设计算机代码输出用 $y(x)$ 表示. 其中, 输入向量 $x = (x_1, \cdots, x_d)$ 是 d 维向量, 来自 d 维单位立方体. 只要输入空间是矩形, 转换为单位立方体就很简单并且不失一般性. 假设设计矩阵 $D_{n \times d}$ 的每一行都是 $x^{(i)}, i = 1, \cdots, n$, 在这 n 个输入下运行代码得到的输出向量是 $y = (y(x^{(1)}), \cdots, y(x^{(n)}))^{\mathrm{T}}$. 我们的目标是预测 $y(x)$ 在未尝试过的 x 处的输出 (Chen et al., 2016).

高斯随机过程模型使用一个回归模型和一个高斯随机变量来构造 $y(x)$. 具体地, 我们有

$$Y(x) = \mu(x) + Z(x), \tag{1.1.1}$$

其中: $\mu(x)$ 是回归模型部分, 是高斯随机模型的期望; $Z(x)$ 是均值为 0、方差为 σ^2 的高斯随机向量, 它有相关函数 R.

R 可以有许多选择, 我们接下来会进行详细描述. 令 x 和 x' 表示输入向量的两个值. $Z(x)$ 和 $Z(x')$ 之间的相关函数表示为 $R(x, x')$. 由于 x 和 x' 均

为 d 维向量, 按照高斯随机过程惯例, 我们定义每一个维度上 x 和 x' 的距离为 $h_j = |x_j - x'_j|, j = 1, \cdots, d$, 则相关函数可以表示为

$$R(x, x') = \prod_{j=1}^{d} R_j(h_j),$$

其中, R_j 是 j 维上的相关函数. 显而易见, $R(x, x')$ 是各个维度上相关函数的乘积, 并且相关函数是 x 和 x' 距离的函数.

下面我们介绍两种 R_j 以及它们的特点.

(1) Power Exponential (PowerExp)

Power Exponential 的相关函数有如下的表示形式:

$$R_j(h_j) = \exp\left(-\theta_j h_j^{p_j}\right), \quad j = 1, \cdots, d,$$

其中, $\theta_j \geqslant 0$ 和 $1 \leqslant p_j \leqslant 2$ 是控制高斯过程在各个维度对距离是否敏感和拟合模型是否光滑的参数.

Power Exponential 是最常见的高斯随机过程的相关函数, 它有 $2d$ 个未知变量需要估计, 并且有充分的自由度可以拟合各种数据. 它的联合表达形式更为常见:

$$R(x, x') = \exp\left(-\sum_{j=1}^{d} \theta_j (x_j - x'_j)^{p_j}\right), \quad \theta_j \geqslant 0, p_j \in [1, 2].$$

当 $p_j = 1, j = 1, \cdots, d$ 时, 这个高斯随机过程模型也被称为 Ornstein-Uhlenbeck 过程, 它拥有连续但并不光滑的相关函数. 它有一个去掉指数函数的相似形式, 即

$$R(x, x') = \prod_{j=1}^{d} (1 - \theta_j |x_j - x'_j|), \quad \theta_j \geqslant 0.$$

这个相关函数相应的预测 $y(x)$ 是线性样条函数的预测.

当 $p_j = 2, j = 1, \cdots, d$ 时, Power Exponential 的相关函数也称为 Squared Exponential 或者高斯相关函数, 这是相关函数最为常见的取值. 此时的高斯随机过程拥有无限可导的特性. 这是我们认为相对理想的模型. 虽然现实生活中的模型在很多时候很难有完美的性质, 但理想模型依然适用得较好.

(2) Matérn

Matérn 的相关函数有如下的表示形式:

$$R_j(h_j) = \frac{1}{\Gamma(v_j)2^{v_j-1}}(\theta_j h_j)^{v_j} K_{v_j}(\theta_j h_j), \quad j = 1, \cdots, d,$$

其中: Γ 是 Gamma 函数; K_{v_j} 是修正后的 v_j 阶贝塞尔函数; 同样, $\theta_j \geqslant 0$ 是控制高斯过程在各个维度对距离是否敏感的参数.

Matérn 相关函数 (Stein, 1999) 通过控制 v_j 来控制 j 维相关函数的可微性, 从而控制关于 x_j 的预测. 相关函数 Matérn-1 与 Matérn-2 分别表示 $v_j = 1 + \dfrac{1}{2}$ 和 $v_j = 2 + \dfrac{1}{2}$ 的 Matérn 函数, 它们分别有 1 阶或 2 阶导数. 相似地, 我们使用 Matérn-0 和 Matérn-∞ 来指代 $v_j = 0 + \dfrac{1}{2}$ 和 $v_j = \infty$. Matérn-0、Matérn-1、Matérn-2 与线性函数、二次样条函数和三次样条函数有关.

对于给定的 R_j, 我们定义输入设计的 $n \times n$ 相关矩阵为

$$R = (R(x^{(i)}, x^{(j)}))_{ij},$$

对于任意的 x_{new}, 定义输入设计的 $n \times 1$ 相关向量 $r(x_{\text{new}}) = ((R(x_{\text{new}}, x^{(1)})), \cdots, (R(x_{\text{new}}, x^{(n)})))^{\mathrm{T}}$.

相关矩阵 R 定义完成后, 我们讨论回归部分 $\mu(x)$, 并列举三种主流选择.

(1) 常数

$$\mu(x) = \beta_0.$$

(2) 完整的线性回归模型

$$\mu(x) = \beta_0 + \beta_1 x_1 + \cdots + \beta_d x_d.$$

(3) 有选择的线性回归模型

$$\mu(x) = \beta_0 + \beta_1 x_1 + \cdots + \beta_d x_d.$$

通过计算, 可以将贡献度不够大的 β_j 设定为 0. 注意, 这里是提前设定 $\beta_j = 0$, 而不是估计出 $\beta_j = 0$. 我们一般不考虑添加非线性项, 除非有非常显著的指标.

所有的回归部分 $\mu(x)$ 都可以使用下列公式表示:

$$\mu(x) = \beta_0 + \beta_1 f_1(x) + \cdots + \beta_k f_k(x),$$

其中, $f_j(x)$ 是已知的.

至此, 我们已经把高斯随机过程模型的基本设定介绍完毕. 在进行了 n 次计算机试验后, 我们拥有了 $x^{(i)}, i = 1, \cdots, n$ 和 $y = (y(x^{(1)}), \cdots, y(x^{(n)}))^{\mathrm{T}}$. 依据所得数据, 我们可以获得高斯随机过程模型未知参数的估计. 高斯随机过程模型的未知参数分为两部分, 即回归部分的未知参数 $\beta = (\beta_0, \cdots, \beta_k)^{\mathrm{T}}$ 和高斯随机变量 $Z(x)$ 的相关未知参数.

对所得的计算机试验设计的数据, 联立似然函数并使其最大化, 我们可以获得 β 的极大似然估计 (MLE):

$$\hat{\beta} = (F^{\mathrm{T}} R^{-1} F)^{-1} F^{\mathrm{T}} R^{-1} y,$$

其中, F 是 $n \times (k+1)$ 的矩阵, 它的第 i 行是 $(1, f_1(x^{(i)}), \cdots, f_k(x^{(i)}))$.

对于任意未试验 x_{new}, 高斯随机过程模型输出的估计为

$$\hat{y}(x_{\mathrm{new}}) = \hat{\mu}(x_{\mathrm{new}}) + r^{\mathrm{T}}(x_{\mathrm{new}}) R^{-1}(y - F\hat{\beta}),$$

其中, $\hat{\mu}(x_{\mathrm{new}}) = \hat{\beta}_0 + \hat{\beta}_1 f_1(x_{\mathrm{new}}) + \cdots + \hat{\beta}_k f_k(x_{\mathrm{new}})$.

实际上, 其他参数 σ^2 和相关函数 R 内的所有未知参数在实际应用中都需要估计. 经验贝叶斯方法将所有未知参数都换成了它们的极大似然估计 (Welch et al., 1992). 本书之后的内容也会有所涉及. 另外, 还可以使用其他基于贝叶斯的方法, 如完全贝叶斯策略, 这里就不再详细地阐述了.

为了评价和比较不同替代模型和计算机试验设计的好坏, 我们需要一个准则. 这里介绍一个应用较为广泛的准则, 叫作开方平均误差 (Root Mean Squared Error, RMSE). 对于一个计算机模型, 我们使用某计算机试验设计和某替代模型, 并通过对测试数据计算开方平均误差来评价这一系列试验设计的好坏.

假设我们有 N 个测试数据 $x_{\mathrm{test}}^{(i)}, i = 1, \cdots, N$, 我们可以获得它对应的 N 个从真实模型得到的输出数据 $y_{\mathrm{test}}^{(i)}, i = 1, \cdots, N$, 以及 N 个从替代模型得到的预

测数据 $\hat{y}_{\text{test}}^{(i)}, i = 1, \cdots, N$. 对于每个测试数据而言，预测误差为 $\hat{y}_{\text{test}}^{(i)} - y_{\text{test}}^{(i)}, i = 1, \cdots, N$，则开方平均误差为

$$e_{\text{rmse,test}} = \frac{\sqrt{(1/N) \sum_{i=1}^{N} (\hat{y}_{\text{test}}^{(i)} - y_{\text{test}}^{(i)})^2}}{\sqrt{(1/N) \sum_{i=1}^{N} (\bar{y} - y_{\text{test}}^{(i)})^2}}.$$

可以看到，$e_{\text{rmse,test}}$ 有分母标准化，因此其值在 $[0,1]$ 上．$e_{\text{rmse,test}}$ 越小越好．特别地，$e_{\text{rmse,test}} = 1$ 意味着我们的模型不比 $\bar{y}$ 更好，这说明我们的模型或者设计并没有起到很好的作用．对 $e_{\text{rmse,test}}$ 的值的要求与特定的试验有直接的关系，并且对于优化问题，我们要求的 $e_{\text{rmse,test}}$ 要比灵敏度分析问题更为严格．一般地，根据经验，$e_{\text{rmse,test}} < 0.1$ 是理想的，但若 $e_{\text{rmse,test}}$ 达不到这样的阈值，也不能证明我们的试验是失败的．

有趣的是，Sacks et al. (1989) 发现，高斯随机过程模型中的回归部分并不需要除了常数项以外的回归参数．Lim et al. (2002) 也提到了高斯随机过程模型使用高斯相关函数可以用最少的试验点准确预测多项式．这些成果都表明，回归部分可以删繁就简．我们将在下面介绍简化后的高斯随机过程模型．

令 $\beta = \beta_0$ 为回归部分．对于式 (1.1.1)，我们可以将其简化为：

$$Y(x) = \beta_0 + Z(x).$$

其他的设定保持不变，采用 Power Exponential 相关函数，则输入变量 $x^{(i)}, i = 1, \cdots, n$ 和输出变量 $y = (y(x^{(1)}), \cdots, y(x^{(n)}))^{\mathrm{T}}$ 的联合密度函数为

$$\frac{1}{(2\pi)^{n/2}(\sigma^2)^{n/2}|R|^{1/2}} \exp\left[-\frac{(y - \mathbf{1}\beta_0)^{\mathrm{T}} R^{-1}(y - \mathbf{1}\beta_0)}{2\sigma^2}\right],$$

其中，$\mathbf{1}$ 代表 $n \times 1$ 的向量 $(1, \cdots, 1)^{\mathrm{T}}$．

最大化上述联合密度函数，我们需要估计 $2d$ 个未知参数 θ_j 和 $p_j, j = 1, \cdots, d$．获得上述参数的极大似然估计后，我们可以求得 R，进而可以求得 β_0 和 σ^2 的极大似然估计：

$$\hat{\beta}_0 = \frac{\mathbf{1}^{\mathrm{T}} R^{-1} y}{\mathbf{1}^{\mathrm{T}} R^{-1} \mathbf{1}},$$

$$\hat{\sigma}^2 = \frac{(y - 1\hat{\beta}_0)^{\mathrm{T}} R^{-1} (y - 1\hat{\beta}_0)}{n}.$$

由此, 对于任意未试验 x_{new}, 此简化版高斯随机过程模型对其输出的估计为

$$\hat{y}(x_{\mathrm{new}}) = \hat{\beta}_0 + r^{\mathrm{T}}(x_{\mathrm{new}}) R^{-1} (y - 1\hat{\beta}_0).$$

经验贝叶斯方法还给出了估计任意未试验 x_{new} 的方差:

$$s^2(x_{\mathrm{new}}) = \hat{\sigma}^2 \left[1 - r^{\mathrm{T}}(x_{\mathrm{new}}) R^{-1} r(x_{\mathrm{new}}) + \frac{(1 - 1^{\mathrm{T}} R^{-1} r(x_{\mathrm{new}}))^2}{1^{\mathrm{T}} R^{-1} 1} \right].$$

无论使用什么样具体的模型进行估计和预测, 计算机试验设计的挑战都是输入变量 $x^{(i)}, i = 1, \cdots, n$ 的选择, 以建立有效的替代模型. 下一节将介绍计算机试验设计中最常见且讨论最多的设计——空间填充设计.

1.2　空间填充设计

上一节我们提到了计算机试验与传统的试验不同: 第一, 相同的输入会产生相同的输出, 这会影响模型的选择; 第二, 计算机代码涉及的变量数目较大、运行时间较长, 通常难以求得解析解 (或者不必要). 科研人员会选择一个数学替代模型来替代繁复的计算机代码, 高斯随机过程模型就是常用的替代模型之一.

基于上述不同, 计算机试验设计的两个原则如下.

(1) 设计不应在任何一组输入上进行多次观察 (可以通过设置重复设计点来验证试验过程中的代码未更改, 但是在理论研究上我们不予考虑).

(2) 因为我们不知道输入和输出之间的真实关系, 所以计算机试验设计应该适合多种模型, 并且应该能提供有关试验区域所有部分的信息.

空间填充设计符合上述两个原则, 因此在计算机试验中得到了广泛应用. 顾名思义, 空间填充设计是指在试验区域内设计点分布均匀的设计. 由于空间填充是一个描述性概念, 并非一个定量概念, 所以评估空间填充性质的准则有很多. 根据这些评估准则, 空间填充设计衍生出多种类型. 我们下面将介绍一些有名的空间填充设计.

定义 1.2.1 (拉丁超立方体设计)　一个 $n \times s$ 矩阵被称为拉丁超立方体设计,当且仅当它的每一列都是 $1, 2, \cdots, n$ 的一个随机排列,用 $\text{LHD}(n, s)$ 表示.

拉丁超立方体设计源于拉丁超立方体抽样,它的构造非常简单,有很好的空间填充性质,因此在计算机试验中被广泛使用.它有很多变体,如基于正交表的拉丁超立方体设计、最优切片拉丁超立方体设计、好格子点设计等.直到现在,各种空间填充设计都有着拉丁超立方体的影子,尤其是在高维空间中,拉丁超立方体有着很难超越的生成速度和较优异的表现.

定义 1.2.2 (最大最小距离设计)　令设计 $D = (d_{ij})$ 有 n 行 m 列.设计 D 的距离为

$$d_p(D) = \left(\min_{a \neq b} \sum_{k=1}^{m} (d_{ak} - d_{bk})^p \right)^{\frac{1}{p}},$$

使 $d_p(D)$ 最大的设计称为最大最小距离设计.

最大最小距离设计最早被 Johnson et al. (1990) 提出,是计算机试验的流行选择.最大最小距离设计在贝叶斯设置下的高斯随机过程模型中是渐近最优的.构造最大最小距离设计不是一件简单的事情.人们可以采用退火算法搜索它们,但对于大型设计,算法性能会大大降低.因此,最大最小距离设计的理论构建具有挑战性.

下面我们介绍均匀设计.均匀设计是偏差最小的设计.偏差有很多的定义,这里我们介绍应用广泛的广义 L_2 偏差.

广义 L_2 偏差是由 Hickernell (1998) 提出的一种偏差,它可以克服星形 L_p 偏差不能考虑投影设计空间填充性质的缺点.令 $\mathcal{P}$ 为定义在单位超立方体 $C^m = [0, 1)^m$ 上的 n 行 m 列的设计.令 $\{1 : m\} = \{1, \cdots, m\}$,并令 $u \subseteq \{1 : m\}$ 为感兴趣因子的集合.对于 C^m 中的每个 x,令 $R_u(x) \subseteq [0, 1)^u$ 为 C^m 中 x 由 u 索引的因子下的一个邻域.

定义 1.2.3　对于固定的 u 和 x,定义局部投影偏差为

$$\text{disc}_u^R(x) = \text{Vol}(R_u(x)) - \frac{|\mathcal{P} \cap R_u(x)|}{n},$$

其中, $|\mathcal{P} \cap R_u(x)|$ 是 $\mathcal{P}$ 中位于由 u 索引的因子中 $R_u(x)$ 区域内的设计点的数量,

$\mathrm{Vol}(R_u(x))$ 是 $R_u(x)$ 的体积.

局部投影偏差是 x 和 u 的函数, 用于衡量区域 $R_u(x)$ 的体积与落入该区域的设计点的比例之间的差异. 理想情况下, 空间填充的设计应该有较小的局部投影偏差.

定义 1.2.4 令 $\mathcal{P}$ 为定义在单位超立方体上的设计, 它的广义 L_2 偏差定义如下:

$$D_2^R(\mathcal{P}) = \left\{ \int_{[0,1]^m} \sum_{u \subseteq \{1:m\}} |\mathrm{disc}_u^R(x_u)|^2 \mathrm{d}x \right\}^{\frac{1}{2}}.$$

广义 L_2 偏差考虑了所有 u 的局部投影偏差, 因此考虑了设计投影在所有可能的维度组合上的空间填充性质. 中心化 L_2 偏差将 $R_u(x)$ 定义为 x 和最近顶点之间的超矩形, 环绕型 L_2 偏差定义区域 $R_u(x, y)$ 是单位立方体中 x 和 y 之间的超矩形区域. 值得注意的是, 如果 $R_u(x)$ 的体积与 x 相关, 则可能会导致不良的后果. 例如, 因为中心化 L_2 偏差的区域 $R_u(x)$ 涉及顶点, 所以由中心化 L_2 偏差选择的设计偏向于选择在中心点周围的设计点.

Hickernell (1998) 导出广义 L_2 偏差的解析表达式的一个重要工具是再生核希尔伯特空间. 偏差可以被定义为再生核希尔伯特空间中的范数.

定义 1.2.5 设 $\mathcal{W}$ 为 $\mathcal{X}$ 上的实值函数空间, 定义核函数 $\mathcal{K}$ 为

$$\mathcal{W} = \left\{ F(x) : \int_{\mathcal{X}^2} \mathcal{K}(t, z) \mathrm{d}F(t) \mathrm{d}F(z) < \infty \right\},$$

则 $\mathcal{X}^2 = \mathcal{X} \times \mathcal{X}$ 上的核函数 $\mathcal{K}(t, z)$ 是对称且非负定的.

定义 1.2.6 两个函数 $F, G \in \mathcal{W}$ 之间的内积被定义为

$$\langle F, G \rangle_{\mathcal{W}} = \int_{\mathcal{X}^2} \mathcal{K}(t, z) \mathrm{d}F(t) \mathrm{d}G(z).$$

定义 1.2.7 函数 $F \in \mathcal{W}$ 的范数定义为

$$\|F\|_{\mathcal{W}} = [\langle F, F \rangle_{\mathcal{W}}]^{\frac{1}{2}}.$$

$\mathcal{W}$ 是 $\mathcal{X}$ 上实值函数的希尔伯特空间. 如果核函数是再生核, 则称 $\mathcal{W}$ 为再生核希尔伯特空间. 以下定理说明了再生核希尔伯特空间与广义 L_2 偏差之间的联系.

定理 1.2.1　设 $F_{\mathcal{P}}$ 是设计 $\mathcal{P}$ 在 C^m 上的经验分布函数, F 是均匀分布函数, 设计 $\mathcal{P}$ 的广义 L_2 偏差可以定义为再生核希尔伯特空间 $\mathcal{W}$ 中范数的形式:

$$D_2^R(\mathcal{P}) = \|F - F_{\mathcal{P}}\|_{\mathcal{W}},$$

其中,

$$\mathcal{K}^R(t, z) = \sum_{u \subseteq \{1:s\}} \mathcal{K}_u^R(t_u, z_u),$$

$$\mathcal{K}_u^R(t_u, z_u) = \int_{[0,1]^u} 1_{R_u(x)}(t_u) 1_{R_u(x)}(z_u) \mathrm{d}x.$$

通常假设 m 因子试验和 $R_u(x_u)$ 是每个维度域的笛卡尔积. 核函数 $\mathcal{K}_u^R$ 是满足 $\mathcal{K}_u^R(t_u, z_u) = \prod_{j \in u} \tilde{\mathcal{K}}_1^R(t_j, z_j)$ 的分离核, 其中 $\tilde{\mathcal{K}}_1^R(t_j, z_j) = \int_0^1 1_{R_j(x)}(t_j) 1_{R_j(x)}(z_j) \mathrm{d}x$.

$\mathcal{K}^R$ 是所有可能投影的核函数 $\mathcal{K}_u^R$ 的总和. 根据二项式定理, 核 $\mathcal{K}^R$ 可以表示为乘积形式:

$$\mathcal{K}^R(t, z) = \prod_{j=1}^m [1 + \tilde{\mathcal{K}}_1^R(t_j, z_j)].$$

利用简化过的核函数, 我们可以推导出偏差的解析表达式, 如中心化 L_2 偏差、环绕型 L_2 偏差和混合型 L_2 偏差. 再生核希尔伯特空间中定义的偏差具有坐标旋转时保持不变和满足 Koksma-Hlawka 不等式等优点.

我们下面介绍均匀投影设计 (Sun et al., 2019).

定义 1.2.8 (均匀投影设计)　令设计 D 有 n 行 m 列. D 是均匀投影设计, 如果它能最小化

$$\phi(D) = \frac{2}{m(m-1)} \sum_{|u|=2} \mathrm{CD}(D_u),$$

其中: u 是 $\{1, 2, \cdots, m\}$ 的子集; $|u|$ 表示 u 内元素的个数; D_u 是 D 在 u 所包含维度上的投影设计; $\mathrm{CD}(D_u)$ 是 D_u 的中心化 L_2 偏差.

$\phi(D)$ 是 D 的所有二维投影的平均中心化 L_2 偏差. 如果设计能够达到最小值 $\phi(D)$, 则该设计在低维空间中有较好的均匀性. 均匀投影设计被证明在几种不

同的空间填充标准下表现良好, 包括最大最小距离准则、正交性准则和最大投影准则等.

Joseph et al. (2015) 和 Sun et al. (2019) 指出, 最大最小距离设计和均匀设计在低维投影上可能表现不佳. 基于正交表的拉丁超立方体设计 (Tang, 1993; Xiao et al., 2018)、最大投影设计 (Joseph et al., 2015) 和均匀投影设计 (Sun et al., 2019) 是具有良好低维投影性质的设计. 受伪蒙特卡洛方法中 nets 的启发, He et al. (2013) 提出了强正交表, 基于设计点能够在各种网格上实现分层的性质解决了投影均匀性的问题. 下一节我们重点介绍强正交表的概念和性质.

1.3　强　正　交　表

令 $\mathbb{Z}_s = \{0, 1, \cdots, s-1\}$ 为模 s 的整数环, 下面定义正交表.

定义 1.3.1　强度 t 的正交表可表示为 $\mathrm{OA}(n, m, s_1 \times \cdots \times s_m, t)$, 它是一个 $n \times m$ 的矩阵, 其第 j 列元素取自 $\mathbb{Z}_{s_j}$, 并且在其任何 t 列子列中, 所有可能的水平组合出现的频率相同.

如果 $s_1 = \cdots = s_m = s$, 则正交表是对称的, 可以写为 $\mathrm{OA}(n, m, s, t)$. 对于强度为 t 的对称正交表, 行数 n 必须是 s^t 的倍数. 定义 $n = \lambda s^t$, 其中 λ 称为正交表的重复次数. 拉丁超立方体是强度为 1 且 $\lambda = 1$ 的特殊正交表.

接下来定义强正交表的概念.

定义 1.3.2　一个有 n 行、m 列、s^t 个水平且强度为 t 的强正交表可以表示为 $\mathrm{SOA}(n, m, s^t, t)$, 它是一个 $n \times m$ 矩阵, 其元素来自 $\mathbb{Z}_{s^t}$. 它的任何 $g, 1 \leqslant g \leqslant t$ 列都可以塌缩成 $\mathrm{OA}(n, g, s^{u_1} \times \cdots \times s^{u_g}, g)$, 其中, 正整数集合 $\{u_1, \cdots, u_g\}$ 满足 $u_1 + \cdots + u_g = t$. 将 s^t 水平塌缩为 s^{u_j} 水平是通过计算 $\lfloor a/s^{t-u_j} \rfloor$, $a = 0, 1, \cdots, s^t - 1$ 来完成的, 其中, $\lfloor x \rfloor$ 表示不超过 x 的最大整数.

类似地, 强正交表的重复次数 λ 被定义为 $n = \lambda s^t$. 如果 $\lambda = 1$, 对应的强正交表也是拉丁超立方体.

强正交表与伪蒙特卡罗方法中的 nets 和 sequence 相关.

定义 1.3.3　定义 $[0,1)^m$ 中以 s 为底的基本区间为

$$\prod_{j=1}^{m} \left[\frac{A_j}{s^{u_j}}, \frac{A_j+1}{s^{u_j}} \right),$$

其中, 非负整数 A_j, u_j 满足 $0 \leqslant A_j < s^{u_j}$.

定义 1.3.4　给定维度 $m \geqslant 1$, 整数基数 $s \geqslant 2$, 正整数 k 和整数 $w(0 \leqslant w \leqslant k)$, $[0,1)^m$ 中的 s^k 点被称为以 s 为底的 (w,k,m)-net, 当且仅当以 s 为底的体积为 s^{w-k} 每个基本区间都恰好包含 s^w 个点.

Digital nets 是构建 (w,k,m)-nets 的通用框架.

具有固定水平的设计矩阵可以被看作散布在试验空间中的设计点. SOA(n,m,s^t,t) 可以被视为 n 个设计点散布在一个 s^{tm} 超立方体中. 为了评估设计的空间填充性质, 特别是在高维空间中的性质, 我们可以评估其在低维空间投影的均匀性. 由于强正交表具有分层正交性, 因此无论以何种方式将设计空间投影划分为 s^t 等体积网格, 强度为 t 的强正交表都会实现分层, 即每个网格都有相同数量的设计点. 例如, 强度为 3 的强正交表能够在任何一维 s^3 网格上实现分层, 在任何二维 $s^2 \times s$ 和 $s \times s^2$ 网格上实现分层, 以及在任何三维 $s \times s \times s$ 网格上实现分层.

为了比普通正交表具有更好的空间填充性质, 强正交表需要具有 3 或更高的强度. 然而, 强度为 3 的强正交表需要的运行规模太大, 很可能造成试验者计算资源无法承受的问题. 为了解决这个问题, He et al. (2018) 提出了强度为 2+ 的强正交表, 引起了非常多的关注.

定义 1.3.5　强度为 2+ 的强正交表可以表示为 SOA$(n,m,s^2,2+)$, 它是所有元素来自 $\mathbb{Z}_{s^2}$ 的 $n \times m$ 矩阵, 且有以下属性: 其任何两列子列都可以塌缩为 OA$(n,2,s^2 \times s,2)$ 和 OA$(n,2,s \times s^2,2)$.

强度为 2+ 的强正交表能够在任何一维的 s^2 网格上实现分层, 以及在任何二维的 $s^2 \times s$ 和 $s \times s^2$ 网格上实现分层. 强度为 2+ 的强正交表比强度为 3 的强正交表更经济、更实惠, 且仍具有较好的二维空间填充性. 值得一提的是, 强度为 2+ 的强正交表与二阶饱和设计的联系密切.

类似地, 还可以定义强度为 3− 的强正交表, 它具有强度为 3 的强正交表所拥

有的所有分层性质, 但在任何一维中的 s^3 网格除外, 因为其水平总数仅为 s^2. 分层正交性保证了设计在更精细的网格上良好的投影特性. 后来, 研究人员开始提出具有分层性质的设计, 这些设计不完全符合强正交表的定义, 但是它们在低维空间上拥有较好的空间填充性质, 具体地, 它们实现了各种分层. 这些设计需要一个能评价设计分层性质的准则.

本 章 小 结

本章介绍了本书所需的基本概念, 包括计算机试验、高斯过程模型、空间填充设计以及强正交表. 随着计算能力的日益增强, 计算机试验设计的应用范围会越来越广. 计算机试验设计为构造统计学替代模型选点. 统计学替代模型有很多, 其中, 主流模型包括高斯过程模型. 高斯过程模型的相关研究较多, 本章仅介绍了较为基础的部分, 并未涉及细节和推导, 也未涉及前沿研究领域. 若读者对高斯过程模型感兴趣, 可以阅读其他书籍.

空间填充设计是在计算机试验中应用最广泛的设计. 空间填充设计是将试验点散布在试验空间的设计. 由于空间填充是一个概念, 因此空间填充设计有很多种. 本章介绍了拉丁超立方体设计 (基于拉丁超立方体抽样和正交性质)、最大最小距离设计 (基于试验点间距离)、均匀设计 (基于设计点经验分布与均匀分布偏差) 和均匀投影设计 (基于设计在低维空间的投影均匀性). 这些设计各有千秋, 侧重点各不相同. 本书将重点研究基于正交性的空间填充设计.

强正交表是基于分层正交性的空间填充设计. 设计的组合正交性也可以被看作空间填充性质. 例如, 拉丁超立方体在一维空间上是正交的, 因此, 它是非常受欢迎的空间填充设计. 正交表的强度表明了其组合正交性可达到的最大程度. 基于正交表的拉丁超立方体获得了多维正交性, 比普通的拉丁超立方体具有更好的空间填充性质. 相比正交表, 强正交表的组合正交性质更为灵活, 具有维度和水平两方面的正交性质. 强正交表的研究较为活跃, 我们选择性地介绍了最热门的强正交表及其延伸设计的定义, 为下一章介绍基于分层的空间填充准则做准备.

第 2 章 基于分层的空间填充准则

在本章, 我们提出了一种基于分层的空间填充准则, 以系统地对空间填充设计进行分类和选择. 该准则的灵感来自流行的最小低阶混杂准则及其扩展形式. 最小低阶混杂准则主要考虑因子被估计的效率, 它广泛应用于选择和排序部分因子设计 (Mukerjee et al., 2006; Wu et al., 2009; Cheng, 2014). 最小低阶混杂准则的基本假设是效应排序原则 (Wu et al., 2009). 然而, 最小低阶混杂准则及其扩展形式不能用于评估拉丁超立方设计和强正交表的空间填充性质. 例如, 对于所有相同大小的拉丁超立方体, 无论是否基于正交表构建, 都具有相同的广义字长型.

在评估空间填充性质时, 我们不考虑因子被估计的效率, 而考虑设计的分层性质. 因此, 我们提出的准则基于空间填充排序原则. 根据这个原则, 我们定义了空间填充字长型来刻画设计矩阵在各种网格上的分层性质. 空间填充准则优先选择顺序最小化空间填充字长型的设计.

基于分层的空间填充准则可以应用于更多的设计, 包括前面提到的各种强正交表和拉丁超立方体设计. 我们证明, 在空间填充准则下, 最大强度的强正交表是最优设计. 进一步, 我们举例说明, 新准则可以对具有相同强度的强正交表进行分类和排序.

2.1 背景与定义

前文中提到, 当试验空间维度较高时, 空间填充设计的构造和评价与维度密切相关. 由于维度诅咒等问题, 有些空间填充准则的评价变量被过高的维度所影响. 例如, Joseph et al. (2015) 和 Sun et al. (2019) 指出, 最大最小距离设计和均匀设计可能具有较差的低维投影, 无法填充低维空间. 同时, 基于效应稀疏准则, 在低维度上表现良好的空间填充设计在构建统计替代模型上应有更好的表现.

在这些因素的影响下, 明确考虑低维投影的空间填充设计被提出, 包括前文所提到的最大投影设计和均匀投影设计.

列之间的正交性自然地增强了设计的空间填充特性. 尤其是在高维试验空间中, 列之间的正交性在一定程度上意味着设计在低维投影上具有好的空间填充特性. 关于列正交在空间填充上的良好表现, 相关理论成果非常丰富. 例如, 拉丁超立方体设计 (McKay et al., 1979) 在每个维度上都实现了最大的投影均匀性. 通过应用强度 $t \geqslant 2$ 的正交表, Owen (1992) 和 Tang (1993) 提出了基于正交表的拉丁超立方体. 该设计在所有 t 维和小于 t 维的投影中实现了不同程度的列正交. 本书主要介绍的设计——强正交表比上述设计更具空间填充性. 与普通正交表一样, 强度为 t 的强正交表能够在所有 t 维投影中实现分层. 此外, 它在任何 $g(g < t)$ 维投影中都实现了更精细的网格上的分层. 因此, 基于强正交表构建的拉丁超立方体在 $g(2 \leqslant g \leqslant t - 1)$ 维投影中比基于普通正交表构建的拉丁超立方体更具空间填充性. 强度为 3 的强正交表由 He et al. (2014) 通过半嵌入性的概念提出. 尽管强度为 3 的强正交表具有出色的空间填充特性, 但对试验次数的要求高. He et al. (2018) 提出了强度为 2+ 的强正交表及此类设计的构造结果. 强度为 2+ 的强正交表可实现与强度为 3 的强正交表相同的二维投影表现, 同时保持较小的试验次数. 因此, 该设计在一定程度上解决了强正交表对试验次数的要求高的问题, 能够在高维试验空间上维持较低的试验次数, 同时具有较好的二维投影表现. Shi et al. (2019) 提出了分别基于三维和二维投影来区分强度为 2+ 和 2 的强正交表的方法. Zhou et al. (2019) 提出了具有列正交性的强度为 2+ 和 3- 的强正交表的构造方法. Shi et al. (2020) 进一步提出了具有其他分层属性的强度为 3 的强正交表的构造方法. Liu et al. (2015) 研究了列正交强正交表和切片强正交表的性质和构造方法.

综上, 尽管关于列正交性与空间填充设计的成果如此丰富, 但是大部分讨论主要围绕提出和构造具有某些分层性质的设计, 设计的分层性质目前还未有系统的表示方法. 举个例子, 强正交表的强度被视为其空间填充属性的度量. 但是, 对于许多具有相同强度的强正交表, 我们该如何选择, 还没有得到确定的结论. 可以证明的是, 有些具有相同强度的强正交表具有不同的空间填充属性. 例如, 强度的定义较为严格, 同等强度的强正交表有不同的分层性质, 我们可以通过它们在更精细网格上的投影来进一步区分; 在其他空间填充准则下, 同等强度的强正交表的性质也可能有较大的不同.

例 2.1.1　两个强度相同的强正交表 D_1 和 D_2 如下所示:

$$D_1 = \begin{pmatrix} 7\,3\,6\,2\,7\,3\,6\,2\,4\,0\,5\,1\,4\,0\,5\,1\,5\,1\,4\,0\,5\,1\,4\,0\,6\,2\,7\,3\,6\,2\,7\,3 \\ 7\,5\,6\,4\,5\,7\,4\,6\,6\,4\,7\,5\,4\,6\,5\,7\,3\,1\,2\,0\,1\,3\,0\,2\,2\,0\,3\,1\,0\,2\,1\,3 \\ 7\,1\,4\,2\,3\,5\,0\,6\,2\,4\,1\,7\,6\,0\,5\,3\,3\,5\,0\,6\,7\,1\,4\,2\,6\,0\,5\,3\,2\,4\,1\,7 \end{pmatrix}^{\mathrm{T}}$$

(2.1.1)

$$D_2 = \begin{pmatrix} 7\,5\,6\,4\,3\,1\,2\,0\,4\,6\,5\,7\,0\,2\,1\,3\,7\,5\,6\,4\,3\,1\,2\,0\,4\,6\,5\,7\,0\,2\,1\,3 \\ 7\,3\,2\,6\,5\,1\,0\,4\,4\,0\,1\,5\,6\,2\,3\,7\,3\,7\,6\,2\,1\,5\,4\,0\,0\,4\,5\,1\,2\,6\,7\,3 \\ 7\,1\,4\,2\,3\,5\,0\,6\,2\,4\,1\,7\,6\,0\,5\,3\,3\,5\,0\,6\,7\,1\,4\,2\,6\,0\,5\,3\,2\,4\,1\,7 \end{pmatrix}^{\mathrm{T}}$$

(2.1.2)

这两个正交表是文献 (Shi et al., 2020) 中 SOA(32,3,8,3) 的子矩阵. D_1 来自列 $(1,5,9)$, D_2 来自列 $(3,8,9)$. 然而, 它们的分层性质并不完全相同. 图 2.1 展示了它们的二维投影图. 由图可见, D_2 的二维投影的空间填充表现不如 D_1, 其投影图中相近的点为重复点, 重复点在计算机试验中的意义不大. 投影图中的虚线标出了 4×8 和 8×4 的格子. D_2 没有在 4×8 和 8×4 的格子上实现分层, 而 D_1 做到了分层. 因此, 在考虑低维投影的情况下, D_1 比 D_2 更好.

例 2.1.2　考虑与例 2.1.1 相同的强正交表 D_1 和 D_2: SOA(32,3,8,3). 两个设计有相同的强度, 但是有不同的分层性质. 表 2.1 展现了两个设计在其他空间填充准则下的表现, 如中心化 L_2 偏差、环绕型 L_2 偏差和最小距离. 可以看到, 这两个设计在其他空间填充准则下的表现也不同, D_1 在偏差上比 D_2 表现好. 在最小距离上, 两个设计表现相同.

表 2.1　D_1 和 D_2 在其他空间填充准则下的表现

	中心化 L_2 偏差	环绕型 L_2 偏差	最小距离
D_1	0.070 216 48	0.119 829 108	1.732 050 808
D_2	0.073 870 04	0.122 722 937	1.732 050 808

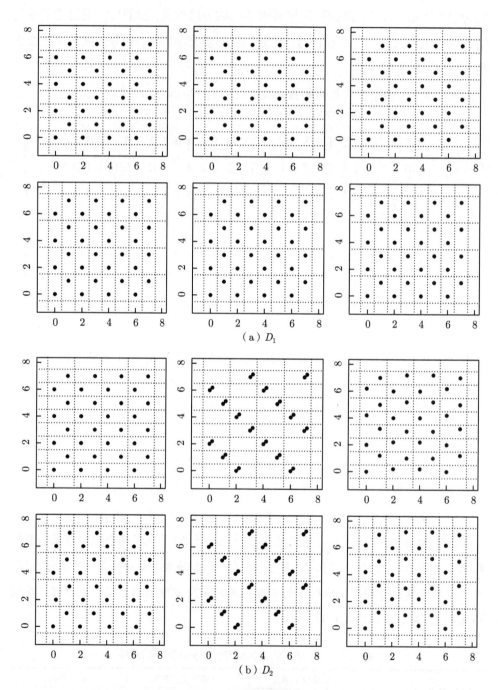

（a）D_1

（b）D_2

图 2.1　二维投影设计

本章我们将构造针对空间填充设计分层性质的评价准则. 该准则构建了空间填充设计分层性质的数学表达, 可以应用于各类设计, 并不局限于强正交表及其衍生设计. 强正交表是有代表性的分层性质良好的设计, 因此, 在构造准则时, 我们常使用强正交表进行举例.

本节将介绍必要的数学表达, 为介绍针对空间填充设计分层性质的评价准则打下基础. 设 $\mathbb{Z}_s = \{0, 1, \cdots, s-1\}$ 为模 s 的整数环. 具有固定水平的设计矩阵可以被看作分布在试验空间中的设计点集. $\mathrm{SOA}(n, m, s^t, t)$ 可以被视为 n 个设计点散布在一个 s^{tm} 超立方体中. 由于强正交表的分层性质, 无论以何种方式将设计空间以投影的方式划分为 s^t 等体积网格, 强度为 t 的强正交表都会实现分层, 即在每个网格中试验点的数目相同. 例如, 强度为 3 的强正交表能够保证在任何一维 s^3 网格上实现分层, 在任何二维 $s^2 \times s$ 和 $s \times s^2$ 网格上实现分层, 以及在任何三维 $s \times s \times s$ 网格上实现分层. 强度为 2+ 的强正交表能够在任何一维的 s^2 网格上实现分层, 以及在任何二维 $s^2 \times s$ 和 $s \times s^2$ 网格上实现分层. 强度为 3− 的强正交表除了不能在任何一维 s^3 网格上实现分层, 可实现强度为 3 的强正交表所实现的其他所有分层. 这是因为强度为 3− 的强正交表的水平总数仅为 s^2.

强正交表的分层正交性体现了设计在更精细的网格上良好的投影特性, 这是一种非常自然的空间填充性质. 强正交表的定义较为严格, 即使有其他的衍生设计的定义, 相对来说也较为狭窄. 跳出强正交表及其衍生设计的框架, 任何设计矩阵的分层正交性都值得被研究. 为了讨论更广泛的空间填充设计, 我们引入广义强正交表的概念. 强正交表是广义强正交表的特殊情况.

定义 2.1.1　*广义强正交表*:　$\mathrm{GSOA}(n, m, s^p, t)$ 为一个 $n \times m$ 的元素来自 $\mathbb{Z}_{s^p}$ 的设计矩阵. 该设计矩阵包括 n 次试验, 每次试验有 m 个因子, 每个因子有 s^p 个水平, 强度为 t. 该设计矩阵的任何 $g(1 \leqslant g \leqslant t)$ 维子列都可以塌缩成正交表 $\mathrm{OA}(n, g, s^{u_1} \times \cdots \times s^{u_g}, g)$, 其中, 正整数集合 $\{u_1, \cdots, u_g\}$ 满足 $u_1 + \cdots + u_g = t$ 和 $u_i \leqslant p, i = 1, \cdots, g$.

无论以何种方式将设计空间以投影的方式划分为 s^t 等体积网格, 强度为 t 的广义强正交表都会实现分层. 因此, 广义强正交表与强正交表的性质非常相似. 对比它们的定义, 强正交表具有约束 $t = p$, 即广义强正交表 $\mathrm{GSOA}(n, m, s^t, t)$ 是一

个强正交表 $SOA(n,m,s^t,t)$. 若没有这个约束, 广义强正交表则包括任何具有 s^p 水平的设计矩阵. 这既可以极大地扩大被研究的矩阵的范围, 又可以将强正交表及其所有衍生设计包括进来. 广义强正交表的提出, 使得对分层性质的研究覆盖了几乎所有的具有固定水平的设计矩阵.

作为补充, 强度为 3 且 $p = 2$ 的广义强正交表是强度为 3− 的强正交表, 即 $GSOA(n,m,s^2,3)$ 是 $SOA(n,m,s^2,3-)$. $p = 1$ 的广义强正交表是普通正交表, 即 $GSOA(n,m,s^1,t)$ 是 $OA(n,m,s,t)$. 在使用广义强正交表的符号表达的过程中, 可能存在 s 和 p 不清楚的情况. 在这种情况下, 我们将明确声明 s 或 p. 在本书, 我们关注的是分层正交性. 因此, 我们一般只考虑 $p > 1$ 的情况, 但所得结果依然适用于 $p = 1$ 的情况.

广义强正交表是我们基于分层的空间填充准则的使用范围. 接下来, 我们需要定义一些辅助的符号和函数.

定义 2.1.2 定义一系列从 $\mathbb{Z}_{s^p}$ 到 $\mathbb{Z}_s$ 的函数 $f_i, i = 1, \cdots, p$. 对于任意 $x \in \mathbb{Z}_{s^p}$,

$$f_i(x) = \lfloor x/s^{p-i} \rfloor \bmod s. \tag{2.1.3}$$

根据 $f_i(x), i = 1, \cdots, p$, 可得

$$x = \sum_{i=1}^{p} f_i(x) s^{p-i}.$$

函数 $f_i(x)$ 给出了 x 在 s 基数系统中的第 i 位数字. 上述系列函数是双射函数, 它将 x 展开为一个元素来自 $\mathbb{Z}_s$ 的向量. 定义这一系列函数的目的是获取 x 的基于分层的位置信息, 从而为讨论设计矩阵是否实现分层提供有效的可以计算的公式.

设计矩阵的分层性质有强弱之分, 具体在于设计矩阵实现分层的网格的大小 (精细程度). 为了获取这方面的信息, 我们需要下面的定义.

定义 2.1.3 对于 $x \in \mathbb{Z}_{s^p}$, 定义权重

$$\rho(x) = p + 1 - \min\{i | f_i(x) \neq 0, i = 1, \cdots, p\},$$

如果 $x \neq 0$ 且 $\rho(0) = 0$.

权重 $\rho(x)$ 是 Hamming 权重的推广, 代表在 s 基数系统中表达 x 所需的位数. 所需位数越多, 分层的网格越精细. 权重将在后面的数学定义中用到, 它是用于控制分层精细程度的工具. 为了让读者更直观地观察系列函数和权重, 我们列出了 $\mathbb{Z}_{2^3}$ 中所有可能的 x 的系列函数和权重, 见表 2.2.

表 2.2 $x \in \mathbb{Z}_{2^3}$ 的系列函数和权重

x	$f_1(x)$	$f_2(x)$	$f_3(x)$	$\rho(x)$
0	0	0	0	0
1	0	0	1	1
2	0	1	0	2
3	0	1	1	2
4	1	0	0	3
5	1	0	1	3
6	1	1	0	3
7	1	1	1	3

为了获取设计矩阵的各种程度的分层信息, 我们还需要定义一些设计矩阵的行与列的计算.

定义 2.1.4 定义 $u, x \in \mathbb{Z}_{s^p}$ 之间的逆内积为

$$\langle u, x \rangle = f_p(u)f_1(x) + \cdots + f_1(u)f_p(x) = \sum_{i=1}^{p} f_{p-i+1}(u)f_i(x).$$

逆内积是 $u, x \in \mathbb{Z}_{s^p}$ 的系列函数间相乘方向相反的内积. 这是一个巧妙的定义, 它不仅使用系列函数来计算分层的信息, 还使用系列函数的权重的特性对分层的信息进行分类. 在下面的定义中, 逆内积被较多地使用. 为了更清晰地展示逆内积的定义, 我们给出下面的例子.

例 2.1.3 假设设计矩阵的元素都来自 $\mathbb{Z}_{2^3}$. $u = 2$ 和 $x = 6$ 的系列函数为

$$(f_1(2), f_2(2), f_3(2)) = (0, 1, 0)$$

和

$$(f_1(6), f_2(6), f_3(6)) = (1, 1, 0),$$

则 u 和 x 之间的逆内积为

$$\langle 2,6 \rangle = f_3(2)f_1(6) + f_2(2)f_2(6) + f_1(2)f_3(6) = 0 \times 1 + 1 \times 1 + 0 \times 0 = 1.$$

接下来, 我们定义一个在基于分层的空间填充准则中常用且重要的概念: 特征值. 虽然特征值在本书中的定义与在广义最小低阶混杂准则中的定义类似, 但是它们代表的数学意义和几何意义却截然不同.

定义 2.1.5 定义 $u, x \in \mathbb{Z}_{s^p}$ 的特征值为

$$\chi_u(x) = \xi^{\langle u,x \rangle},$$

其中 $\xi = e^{2\pi i/s}$ 是单位 1 的 s 次根. 为简单起见, 此处我们将 i 看作 $(-1)^{1/2}$. 在本书, i 的含义也有可能是循环的索引. 若发生混淆, 不难从上下文推断 i 的含义.

我们举例说明特征值的计算过程.

例 2.1.4 接例 2.1.3. $u = 2$ 和 $x = 6$ 的特征值为

$$\chi_2(6) = \xi^{\langle 2,6 \rangle} = (-1)^1 = -1.$$

为了让读者更直观地观察特征值的分布, 我们沿用上面的例子, 展示了所有可能的特征值 $\chi_u(x), u, x \in \mathbb{Z}_{2^3}$, 见表 2.3.

表 2.3 $\chi_u(x), u, x \in \mathbb{Z}_{2^3}$

x	$\chi_0(x)$	$\chi_1(x)$	$\chi_2(x)$	$\chi_3(x)$	$\chi_4(x)$	$\chi_5(x)$	$\chi_6(x)$	$\chi_7(x)$
0	1	1	1	1	1	1	1	1
1	1	1	1	1	-1	-1	-1	-1
2	1	1	-1	-1	1	1	-1	-1
3	1	1	-1	-1	-1	-1	1	1
4	1	-1	1	-1	1	-1	1	-1
5	1	-1	1	-1	-1	1	-1	1
6	1	-1	-1	1	1	-1	-1	1
7	1	-1	-1	1	-1	1	1	-1

至此, 我们定义了系列函数、权重、逆内积和特征值. 这些定义都在 $\mathbb{Z}_{s^p}$ 整数环上. 为了高效地将这些定义应用于设计矩阵, 我们需要将这些定义推广到 $\mathbb{Z}_{s^p}$ 的向量上.

定义 2.1.6　对于 $u = (u_1, \cdots, u_m) \in \mathbb{Z}_{s^p}^m$，定义权重

$$\rho(u) = \sum_{i=1}^{m} \rho(u_i).$$

向量的权重是其各个元素的权重之和.

定义 2.1.7　定义 $u = (u_1, \cdots, u_m), x = (x_1, \cdots, x_m) \in \mathbb{Z}_{s^p}^m$ 的特征值为

$$\chi_u(x) = \prod_{i=1}^{m} \chi_{u_i}(x_i).$$

向量 u 与 x 之间的特征值为其各个元素的对应的特征值之积.

我们用一个具体例子来展示 $\mathbb{Z}_{s^p}$ 的向量间的权重和特征值.

例 2.1.5　对于 $u = (2, 3, 6), x = (6, 5, 4) \in \mathbb{Z}_{2^3}^3$，

$$\rho(u) = \sum_{i=1}^{m} \rho(u_i) = 2 + 2 + 3 = 7,$$

$$\chi_u(x) = \chi_2(6)\chi_3(5)\chi_6(4) = \xi^{\langle 2,6 \rangle + \langle 3,5 \rangle + \langle 6,4 \rangle} = (-1)^2 = 1,$$

其中，具体的各个元素的权重和特征值可以通过查询表 2.2 和表 2.3 得到.

设计矩阵的每一行都是一次试验，也是一个试验水平组合，可以被看作一个向量. 在介绍了在 $\mathbb{Z}_{s^p}^m$ 的向量上定义的系列函数、权重、逆内积和特征值后，我们提出一个定理. 这个定理考虑了 $\mathbb{Z}_{s^p}^m$ 上所有的向量的特征值，为下一节介绍空间填充字长型的理论推导做了铺垫.

定义 2.1.8　设 $\tau = s^{mp}$. 令 $x_1, \cdots, x_\tau$ 和 $u_1, \cdots, u_\tau$ 表示按 Yates 顺序的 $\mathbb{Z}_{s^p}^m$ 中所有可能的 x, u. 定义特征值矩阵

$$H = (\chi_{u_j}(x_i)).$$

H 为 $\mathbb{Z}_{s^p}^m$ 中所有可能点对的 $\tau \times \tau$ 特征值矩阵.

H 的第一行和第一列的所有元素都是 1. 特征值矩阵 H 是对称的，因为 $\chi_u(x) = \chi_x(u)$. 表 2.3 显示了当 $s = 2$、$p = 3$ 和 $m = 1$ 时的 H 矩阵. 当 $s > 2$ 时，特征值矩阵 H 是复数矩阵. 特征值矩阵包括所有可能的特征值，因而有

比较好的特性, 在接下来的证明中会被用到. 特别地, 特征值矩阵与 Tang (2001) 提出的 J-特征值较为相关, 很多相关理论成果互通. 同时, 特征值矩阵也是试验设计因析设计中较为常用的理论证明工具. 下面我们给出特征值矩阵的重要定理.

定理 2.1.1 令 H^* 为 H 的共轭转置矩阵. 特征值矩阵 H 是对称且正交的, 即 $H^{\mathrm{T}} = H$ 且 $H^*H = HH^* = \tau I$, 其中 I 是 τ 阶的单位矩阵.

证明 首先考虑 $p = 1$ 的情况.

对于任何 $u, v \in \mathbb{Z}_s$,

$$\sum_{x \in \mathbb{Z}_s} \chi_u(x)\overline{\chi_v(x)} = \sum_{x \in \mathbb{Z}_s} \xi^{ux}\xi^{-vx} = \sum_{x \in \mathbb{Z}_s} \xi^{(u-v)x} = s\delta_{u,v},$$

其中 $\xi = \mathrm{e}^{2\pi\mathrm{i}/s}$, $\overline{\chi_v(x)}$ 是 $\chi_v(x)$ 的复共轭. 当 $u = v$ 时, $\delta_u = 1$; 当 $u \neq v$ 时, $\delta_u = 0$.

然后考虑 $p \geqslant 1$ 的情况.

对于任意 $u, x \in \mathbb{Z}_{s^p}$, $\chi_u(x) = \prod_{i=1}^{p} \xi^{f_{p-i+1}(u)f_i(x)}$. 对于任何 $u, v \in \mathbb{Z}_{s^p}$,

$$\sum_{x \in \mathbb{Z}_{s^p}} \chi_u(x)\overline{\chi_v(x)} = \sum_{x \in \mathbb{Z}_{s^p}} \prod_{i=1}^{p} \xi^{[f_{p-i+1}(u) - f_{p-i+1}(v)]f_i(x)}.$$

因为 x 在 $\mathbb{Z}_{s^p}$ 上变化, 所以 $f_i(x), i = 1, \cdots, p$ 在 $\mathbb{Z}_s$ 上变化. 我们有

$$\sum_{x \in \mathbb{Z}_{s^p}} \chi_u(x)\overline{\chi_v(x)} = \prod_{i=1}^{p} \sum_{f_i(x) \in \mathbb{Z}_s} \xi^{[f_{p-i+1}(u) - f_{p-i+1}(v)]f_i(x)}$$

$$= \prod_{i=1}^{p} s\delta_{f_{p-i+1}(u), f_{p-i+1}(v)} = s^p\delta_{u,v}.$$

对于 $\mathbb{Z}_{s^p}^m$ 中的 $x = (x_1, \cdots, x_m)$, $u = (u_1, \cdots, u_m)$ 和 $v = (v_1, \cdots, v_m)$,

$$\sum_{x \in \mathbb{Z}_{s^p}^m} \chi_u(x)\overline{\chi_v(x)} = \sum_{x \in \mathbb{Z}_{s^p}^m} \prod_{j=1}^{m} \chi_{u_j}(x_j)\overline{\chi_{v_j}(x_j)} = \prod_{j=1}^{m} \sum_{x_j \in \mathbb{Z}_{s^p}} \chi_{u_j}(x_j)\overline{\chi_{v_j}(x_j)}$$

$$= \prod_{j=1}^{m} s^p\delta_{u_j,v_j} = s^{mp}\delta_{u,v} = \tau\delta_{u,v}.$$

这就证明了 $HH^* = \tau I$, 同时也意味着 $H^*H = \tau I$. □

2.2　空间填充字长型

令 D 为具有 n 行、m 列和 s^p 个水平的设计. 设计 D 可以被看作设计空间 $\mathbb{Z}_{s^p}^m$ 中散布的 n 个点. $\mathbb{Z}_{s^p}^m$ 中总共有 τ 个不同点. 对于 $\mathbb{Z}_{s^p}^m$ 中的每个 x, 令 N_x 为 x 出现在 D 中的次数.

定义 2.2.1　定义矩阵的频率向量为

$$N(D) = (N_{x_1}, \cdots, N_{x_\tau}),$$

其中 $x_1, \cdots, x_\tau$ 是 $\mathbb{Z}_{s^p}^m$ 中按 Yates 顺序排列的所有不同点.

如果我们忽略设计矩阵的行顺序, 那么设计矩阵可以由频率向量 $N(D)$ 唯一表示.

定义 2.2.2　对于任意 $u \in \mathbb{Z}_{s^p}^m$, 定义设计矩阵特征值为

$$\chi_u(D) = \sum_{x \in D} \chi_u(x),$$

其中 x 是 D 中任意一行. 定义 D 的特征集为

$$\chi(D) = (\chi_{u_1}(D), \cdots, \chi_{u_\tau}(D)),$$

其中 $u_1, \cdots, u_\tau$ 是 $\mathbb{Z}_{s^p}^m$ 中按 Yates 顺序排列的点.

$\chi(D)$ 可以完整表现设计矩阵 D 的属性. 在下面的定理中, 我们将证明设计矩阵的特征集和它的频率向量通过 H 连接.

定理 2.2.1　设计矩阵的特征集和它的频率向量是一一对应的, 关系如下:

$$\chi(D) = N(D)H,$$

$$N(D) = \tau^{-1} \chi(D) H^*.$$

证明　通过简单代数变换, 我们可以将设计矩阵的特征集和它的频率向量连接起来:

$$\chi_u(D) = \sum_{x \in D} \chi_u(x) = \sum_{x \in \mathbb{Z}_{s^p}^m} N_x \chi_u(x).$$

因此, $N(D)$ 和 H 的列之间的内积产生设计矩阵的特征集, 即 $\chi(D) = N(D)H$. 根据定理 2.1.1, 我们有 $N(D) = \tau^{-1}\chi(D)H^*$. □

所有的准备工作都已经完成, 现在我们定义空间填充字长型.

定义 2.2.3 定义向量 $(S_1(D), \cdots, S_{mp}(D))$ 为空间填充字长型. 其中, 对于 $j = 0, \cdots, mp$,

$$S_j(D) = n^{-2} \sum_{\rho(u)=j} |\chi_u(D)|^2 = n^{-2} \sum_{\rho(u)=j} \chi_u(D)\overline{\chi_u(D)}, \qquad (2.2.1)$$

其中, 求和是对所有 $u \in \mathbb{Z}_{s^p}^m, \rho(u) = j$ 进行操作, 并且 $\overline{\chi_u(D)}$ 是 $\chi_u(D)$ 的复共轭. 很容易证明 $S_0(D) = 1$.

我们用一个例子来解释空间填充字长型的定义和计算方法.

例 2.2.1 给出一个 8×3 的拉丁超立方体 D 和一个 SOA$(8,3,8,3)$:

$$
\begin{pmatrix}
0 & 0 & 0 \\
1 & 1 & 4 \\
2 & 4 & 1 \\
3 & 5 & 5 \\
4 & 2 & 2 \\
5 & 3 & 6 \\
6 & 6 & 3 \\
7 & 7 & 7
\end{pmatrix},
\begin{pmatrix}
0 & 0 & 0 \\
2 & 3 & 6 \\
3 & 6 & 2 \\
1 & 5 & 4 \\
6 & 2 & 3 \\
4 & 1 & 5 \\
5 & 4 & 1 \\
7 & 7 & 7
\end{pmatrix}
$$

拉丁超立方体是根据文献 (Tang, 1993) 中的方法利用 OA$(8,3,2,3)$ 生成的, 而 SOA$(8,3,8,3)$ 则来自文献 (He et al., 2014). 接下来我们详细描述如何计算空间填充字长型. 这两个设计矩阵内的所有数字都来自 $\mathbb{Z}_{2^3}$, 因此, 这些数字对应的系列函数、权重和特征值在表 2.2 和表 2.3 中已给出, 我们在计算时直接查表即可. 举例说明, 权重为 1 的 $u \in \mathbb{Z}_{2^3}^3$ 的集合是 $\{(1,0,0),(0,1,0),(0,0,1)\}$, 所以

$$S_1(D) = n^{-2} \sum_{\rho(u)=1} |\chi_u(D)|^2$$

$$= \frac{1}{64}\left(|\chi_{(1,0,0)}(D)|^2 + |\chi_{(0,1,0)}(D)|^2 + |\chi_{(0,0,1)}(D)|^2\right) = 0.$$

其余的空间填充字长型可以用类似的方式计算. $\{u : u \in \mathbb{Z}_{2^3}^3, \rho(u) = i\}, i = 0, \cdots, 9$ 的集合元素的数目分别为 1, 3, 9, 25, 42, 72, 104, 96, 96, 64, 总和是 $\mathbb{Z}_{2^3}^3$ 中点的总数. 拉丁超立方体设计的空间填充字长型是 $(0, 0, 3, 5, 9, 16, 10, 12, 8)$. 可以看到, $S_i(D) = 0, i = 1, 2$ 是因为 $\chi_u(D) = 0, 0 < \rho(u) \leqslant 2$. $S_3(D) = 3$ 意味着对于权重为 3 的 u, 并非所有 $\chi_u(D)$ 都为零. 具体来说, 对于 $u = (1, 2, 0), (1, 0, 2)$ 或 $(2, 1, 0), \chi_u(D) = 8$. 此外, SOA$(8, 3, 8, 3)$ 的空间填充字长型是 $(0, 0, 0, 12, 6, 13, 12, 12, 8)$. 对于两种设计, $\sum\limits_{j=1}^{9} S_j(D) = 63$.

以下定理表明空间填充字长型捕获了广义强正交表的强度.

定理 2.2.2　广义强正交表 D 具有强度 t 当且仅当 $S_j(D) = 0, 1 \leqslant j \leqslant t$.

为了证明定理 2.2.2, 我们需要考虑矩阵特征值的性质及其与投影设计的关系. 为了方便讨论投影设计, 我们引入一些附加符号. 令 $W = \{0, \cdots, p\}^m$ 为包含 $u \in \mathbb{Z}_{s^p}^m$ 的所有可能权重的权重集合. 对于任何 $w = (w_1, \cdots, w_m) \in W$, 令 $\|w\|_1 = \sum\limits_{i=1}^{m} w_i$ 和 $U_w = \{u : u \in \mathbb{Z}_{s^p}^m, \rho(u_1) \leqslant w_1, \cdots, \rho(u_m) \leqslant w_m\}$. 显然, 若 $u \in U_w$, 则 $\rho(u) \leqslant \|w\|_1$. 令 $D = (d_1, \cdots, d_m)$ 为 GSOA(n, m, s^p, t), 其中 d_i 是 D 的第 i 列. 令 $D_w = (\lfloor d_1/s^{p-w_1} \rfloor, \cdots, \lfloor d_m/s^{p-w_m} \rfloor)$ 为 D 在 $s^{w_1} \times \cdots \times s^{w_m}$ 上的塌缩投影设计. 若 D_w 是所有可能的水平组合的具有相同重复次数的完整设计, 则设计 D 能够在 $s^{w_1} \times \cdots \times s^{w_m}$ 的网格上实现分层.

下面给出塌缩投影设计的示例. 假设设计矩阵 $D = (d_1, d_2, d_3)$ 是 SOA$(8, 3, 8, 3)$, 其中 $s = 2$ 和 $p = 3$. 对于 $w = (1, 2, 3), D_w = (\lfloor d_1/4 \rfloor, \lfloor d_2/2 \rfloor, \lfloor d_3/1 \rfloor)$ 的三列分别有 2, 4, 8 个水平. 对于 $w = (0, 3, 3), D_w$ 是 D 到第二维和第三维的投影设计, 每个维度有 8 个水平. D_w 的第一个维度可以忽略不计, 因为所有数字都为零. 为方便起见, 我们将塌缩投影设计称为投影设计.

引理 2.2.1　对于任何 $w \in W$, 投影设计 D_w 与特征集 $\chi_u(D), u \in U_w$ 一一对应.

证明　设设计矩阵 $D = (d_1, \cdots, d_m)$. 当 $u \in U_w$ 时, $\rho(u_j) \leqslant w_j, j = 1, \cdots, m$.

如果 $u_j \neq 0$, 则 $\rho(u_j) = p + 1 - \min\{i | f_i(u_j) \neq 0\}$, 所以 $\min\{i | f_i(u_j) \neq 0\} \geqslant p + 1 - w_j$. 因此, 对于 $i = 1, \cdots, p - w_j$, 我们有 $f_i(u_j) = 0$.

如果 $u_j = 0$, 则 $f_i(u_j) = f_i(0) = 0, i = 1, \cdots, p$.

由上述两种情况可以得出:

$$\chi_u(D) = \sum_{x \in D} \chi_u(x) = \sum_{x \in D} \prod_{j=1}^{m} \xi^{\sum_{i=1}^{p} f_{p-i+1}(u_j) f_i(x_j)} = \sum_{x \in D} \prod_{j=1}^{m} \xi^{\sum_{i=1}^{w_j} f_{p-i+1}(u_j) f_i(x_j)}.$$

这意味着对于设计矩阵的每一列 d_j, 在 p 映射列 $(f_1(d_j), \cdots, f_p(d_j))$ 中, 只有前 w_j 列参与 $\chi_u(D)$ 的计算. 此外, 这组 w_j 映射列唯一地确定塌缩投影列 $\lfloor d_j/s^{p-w_j} \rfloor$. 因此, $D_w = (\lfloor d_1/s^{p-w_1} \rfloor, \cdots, \lfloor d_m/s^{p-w_m} \rfloor)$ 由 $\chi_u(D), u \in U_w$ 唯一确定. □

引理 2.2.2 对于任何 $w \in W$, 投影设计 D_w 是所有可能的水平组合出现相同次数的完整设计当且仅当对于所有 $u \in U_w, \rho(u) > 0, \chi_u(D) = 0$.

证明 为了清楚起见, 我们仅证明 $D_w = D$ 这种特殊情况时的结果. 一般情况的证明类似, 但涉及更复杂的符号, 此处忽略. 若 D 是所有可能的水平组合出现相同次数的完整设计, 则 $N(D) = \lambda e$. 其中 λ 是重复次数, e 是由 1 组成的行向量. 由定理 2.1.1, 可知 $\chi(D) = N(D)H = \lambda eH$. 因为 H 和 H^* 的第一行和第一列都是由 1 组成的向量, 所以 $\chi(D) = (\lambda\tau, 0, \cdots, 0)$.

另外, 如果对于整数 λ, $\chi(D) = (\lambda, 0, \cdots, 0)$, 根据定理 2.1.1, 有 $N(D) = \tau^{-1}\chi(D)H^* = \tau^{-1}(\lambda, \cdots, \lambda) = \lambda\tau^{-1}e$, 那么 D 就是所有可能的水平组合出现相同次数的完整设计. □

当投影到任何 s^t 网格时, 强度为 t 的广义强正交表都会实现分层. 因此, 任何投影到 s^t 网格的投影设计都是所有可能的水平组合出现相同次数的完整设计. 应用引理 2.2.2, 我们有以下引理.

引理 2.2.3 设计 D 是 $\text{GSOA}(n, m, s^p, t)$ 当且仅当对于所有 $u \in \mathbb{Z}_{s^p}^m$ 且 $0 < \rho(u) \leqslant t$, 有 $\chi_u(D) = 0$.

证明 假设 D 是 $\text{GSOA}(n, m, s^p, t)$. 对于任何 $w \in W$ 且 $\|w\|_1 = t$, D_w 是 D 到 $s^{w_1} \times \cdots \times s^{w_m} = s^t$ 网格上的投影设计. 由于 D 具有强度 t, 因此 D_w 是所有可能的水平组合出现相同次数的完整设计. 根据引理 2.2.2, 对于所有 $u \in U_w$ 且 $\rho(u) > 0$, 我们有 $\chi_u(D) = 0$. 因为 $\bigcup_{w \in W, \|w\|_1 = t} U_w = \{u \in \mathbb{Z}_{s^p}^m : \rho(u) \leqslant t\}$, 所以对于所有 $u \in \mathbb{Z}_{s^p}^m$ 和 $0 < \rho(u) \leqslant t, \chi_u(D) = 0$.

另外，假设对于所有 $u \in \mathbb{Z}_{s^p}^m$ 且 $0 < \rho(u) \leqslant t$，$\chi_u(D) = 0$，那么对于任何 $w \in W$ 且 $\|w\|_1 = t$，对于所有 $u \in U_w$ 且 $\rho(u) > 0$，有 $\chi_u(D) = 0$．根据引理 2.2.2，D_w 是所有可能的水平组合出现相同次数的完整设计．这对于所有投影设计 D_w（满足 $\|w\|_1 = t$）来说都是如此，因此，D 是 $\text{GSOA}(n, m, s^p, t)$．　　□

定理 2.2.2 是引理 2.2.3 和定义 2.2.1 的自然结果．定理 2.2.2 建立了分层正交性和空间填充字长型之间的联系．若空间填充字长型的前 j 个元素为零，则广义强正交表会在投影的任何 s^j 网格上实现分层．例如，$S_1(D) = 0$ 可以保证当设计区域在任何一维上被切割成 s 个等体积网格时，每个网格都有相同数量的设计点．若 $S_1(D) = S_2(D) = 0$，则在任意 s^2 个通过投影切割的等体积网格中，每个网格都有相同数量的设计点．投影切割可能是在任意维度上，将设计区域切割为 s^2 个等体积网格，也可能是在任意二维维度上，将设计区域切割为 $s \times s$ 个网格．

2.3　空间填充排序原则

通过提出的一系列定义，我们定义了空间填充字长型，并证明了它在空间填充设计分层方面代表的几何意义．对于具有 n 行、m 列和 s^p 个水平的设计矩阵 D，空间填充字长型 $(S_1(D), \cdots, S_{mp}(D))$ 是 mp 维向量．这个向量的每一个数字都代表了一定的几何意义．例如，$S_1(D)$ 代表了当设计矩阵投影到 s 个大小相同的网格时，设计点的分布情况．$S_1(D)$ 越小，这种投影越均匀．若 $S_1(D) = 0$，则说明当设计矩阵投影到 s 个大小相同的网格时，设计点的分布完全均匀．在 $S_1(D) = 0$ 的基础上，我们可以继续根据 $S_2(D)$ 的值来判断设计矩阵的空间填充性质．$S_2(D)$ 越小，当设计矩阵投影到 s^2 个大小相同的网格时，设计点的分布越均匀．若 $S_2(D) = 0$，则设计矩阵的设计点在投影到 s^2 个大小相同的网格中时分布完全均匀．

这里有一个易混淆的地方，那就是只有在 $S_1(D) = 0$ 的前提下，我们才能通过继续观察 $S_2(D)$ 的值来获取信息．此性质隐含在引理 2.2.1、引理 2.2.2和引理 2.2.3的证明过程中．这个性质为我们提出空间填充准则提供了条件．

对于空间填充性质中的分层性质，尽管我们已经讨论了很多，但是绝大部分涉及具有分层性质的设计的提出、分层性质的讨论、衍射设计的提出以及优化, 依然没有一个确定的准则来定义空间填充的分层性质的好与不好. 我们只能直观地看到, 设计实现不同的分层性质是好的, 尤其是在低维空间上.

在本节, 我们提出一种基于分层的最小低阶混杂准则, 以系统地对空间填充设计分层性质进行分类和选择. 该准则的灵感来自流行的最小低阶混杂准则及其扩展形式.

最小低阶混杂准则的基本假设是效应排序原则 (Wu et al., 2009). 效应排序原则如下:

(1) 低阶效应比高阶效应更重要;

(2) 相同阶效应的影响同等重要.

在试验次数时间等必要资源有限的情形下, 我们没有办法估计所有的效应. 此时, 我们应该舍弃高阶效应的估计, 确保低阶效应的被估计的优先权. 这是一个经验原则, 也就是说, 并没有理论结果证明高阶效应的重要性比低阶效应差. 但是, 这个经验原则的应用非常广泛, 因为它直观地表达了大部分试验人员的经验. 况且, 高阶效应的问题不仅在于不被估计, 还在于它们的数量庞大且很难解释. 这对于做试验的目的是解释试验原理的情况不适用. 除非有实际的理论表明某些高阶效应很重要, 否则这个原则就可以被安全使用.

最小低阶混杂准则应用字长型来判断设计对于因子效应估计的好坏. 基于前面提出的空间填充字长型, 我们也想类似地构建这样的一个准则, 来评估拉丁超立方设计和强正交表的空间填充特性. 所有大小相同的拉丁超立方体, 无论是否基于正交表, 都具有相同的广义字长型, 但是它们拥有不同的空间填充字长型.

使用空间填充字长型构建准则前, 我们需要构建一个基本假设, 类似于效应排序原则, 我们称它为空间填充排序原则:

(1) 设计在较大网格上实现分层比在较小网格上实现分层更重要;

(2) 设计在相同体积网格上实现分层同等重要.

我们在这里正式提出这一原则, 尽管它已经在强正交表的构建中被使用过了. 强正交表的提出使得分层这一空间填充性质进入了众多研究空间填充设计的学者的视野. 我们可以非常简略地使用强度来评价强正交表的空间填充性质. 强度代表着强正交表能够在分得多么细的网格中实现分层. 分层方式有很多, 强正交表的强度对应的分层网格是以体积来计算的, 即强度为 t 的强正交表能在试验空间被分成 s^t 个格点的情况下实现分层, 对应的每个网格的体积为 s^{-t}. 空间填充排序原则是我们根据强正交表的设计逻辑构造的经验原则. 与效应排序原则一样, 空间填充排序原则也没有理论证明. 然而, 空间填充排序原则非常符合我们由直觉得出的结论, 如果设计矩阵能在较小的网格上实现分层, 那么它大概率也能在较大的网格上实现分层.

2.4 基于分层的空间填充准则

实际上, 我们根据空间填充排序原则定义了空间填充字长型, 以判别设计矩阵在各种网格上的分层性质. 空间填充字长型展现了当设计矩阵被投影到大网格和小网格时设计点的空间填充性质. 值得一提的是, 目前绝大部分对于空间填充设计的投影性质的研究都是以投影维度为单位的, 而我们的空间填充字长型是以投影中网格的体积来评估的. 这种评估方式包含了维度, 但是比维度更为细致, 能更好地评估空间填充设计的投影性质.

根据空间填充排序原则, 设计在较大网格上实现分层可能比在较小网格上实现分层更重要. 因此, 我们提出一种基于分层的空间填充准则, 它选择按顺序最小化空间填充字长型的设计, 即选择按 $j = 1, \cdots, mp$ 的顺序最小化空间填充字长型 $S_j(D)$ 的设计. 这个新准则可以广泛应用于各种设计, 包括前面提到的各种强正交表和拉丁超立方体设计. 我们证明, 在基于分层的空间填充准则下, 强度最大的强正交表是最好的设计. 进一步, 我们举例说明这个新准则可以对相同强度的强正交表进行分类和排序. 下面我们给出一个正式的定义.

定义 2.4.1 假设设计 D_1 和 D_2 分别具有空间填充字长型$(S_1(D_1), \cdots, S_{mp}(D_1))$ 和 $(S_1(D_2), \cdots, S_{mp}(D_2))$. 如果对于 $j = 1, \cdots, l$, $S_j(D_1) = S_j(D_2)$ 且 $S_{l+1}(D_1) < S_{l+1}(D_2)$, 那么 D_1 比 D_2 具有更好的空间填充性质. 如果没有其他比 D_1 更好的设计, 那么设计 D_1 是最好的空间填充设计.

接下来, 我们举例说明基于分层的空间填充准则.

例 2.4.1 例 2.2.1 中拉丁超立方体的空间填充字长型是 $(0, 0, 3, 4, 9, 16, 10, 12, 8)$，SOA$(8, 3, 8, 3)$ 的空间填充字长型是 $(0, 0, 0, 12, 6, 13, 12, 12, 8)$. 根据基于分层的空间填充准则，SOA$(8, 3, 8, 3)$ 的空间填充性质更好，因为它的 $S_3 = 0$ 小于拉丁超立方体的 $S_3 = 3$.

两种设计矩阵都在单个维度上实现了分层，并且在二维中的 2×2 网格和三维中的 $2 \times 2 \times 2$ 网格上实现了分层. 图 2.2 展示了它们在二维中的 2×4 和 4×2 网格投影图. 强正交表 SOA$(8, 3, 8, 3)$ 实现了分层，因为每个网格都只有一个设计点. 另外，拉丁超立方体在 2×4 和 4×2 网格中的点数并不完全相同. 我们使用格子突出显示了没有任何设计点的网格. 我们对这两种设计的排名与 He et al. (2013) 得出的结论一致，即基于强正交表的拉丁超立方体比基于正交表的拉丁超立方体具有更好的空间填充性质.

空间填充字长型的值量化了设计矩阵的分层正交性. 空间填充字长型前面的零表示设计矩阵能在一些等体积网格上实现分层. 空间填充字长型的第一个非零元素揭示了设计矩阵投影到特定数量的网格时在空间填充方面的表现. 具体来说，$S_j(D)$ 值揭示了当设计矩阵投影到 s^j 个网格时设计点分布的均匀程度. 当两个广义强正交表具有相同的强度时，我们选择在更精细的投影中空间填充性质更好的设计.

定理 2.4.1 令 D 为具有 n 行、m 列和 s^p 个水平的设计，其空间填充字长型的总和有一个下界：

$$\sum_{j=1}^{mp} S_j(D) \geqslant \frac{s^{mp}}{n} - 1. \tag{2.4.1}$$

当且仅当 D 没有重复点时，等式成立.

证明 根据 $S_j(D)$ 的定义，我们有

$$\sum_{j=0}^{mp} S_j(D) = n^{-2} \sum_{u \in \mathbb{Z}_{s^p}^m} |\chi_u(D)|^2 = n^{-2} \chi(D) \overline{\chi(D)}^{\mathrm{T}}.$$

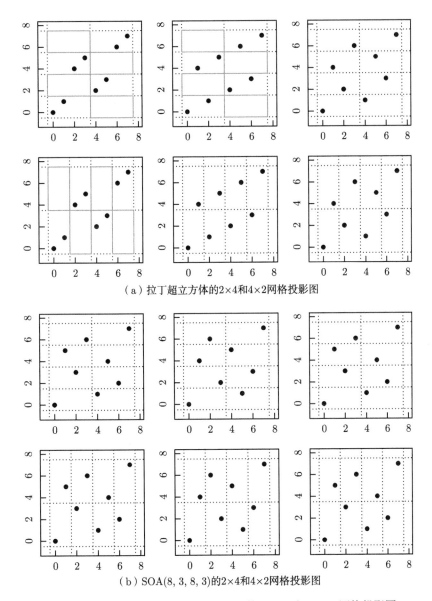

（a）拉丁超立方体的2×4和4×2网格投影图

（b）SOA(8, 3, 8, 3)的2×4和4×2网格投影图

图 2.2　拉丁超立方体与 SOA$(8,3,8,3)$ 的 2×4 和 4×2 网格投影图

由定理 2.2.1, 可知 $\chi(D)\overline{\chi(D)}^{\mathrm{T}} = N(D)HH^*N(D)^{\mathrm{T}} = \tau N(D)N(D)^{\mathrm{T}}$. 对于任何 $x \in \mathbb{Z}_{s^p}^m$, N_x 都是非负整数, 因此 $N_x(N_x - 1) \geqslant 0$, 等式成立当且仅当 $N_x = 0$ 或 1. 因此, $N(D)N(D)^{\mathrm{T}} = \sum\limits_{x \in \mathbb{Z}_{s^p}^m} N_x^2 \geqslant \sum\limits_{x \in \mathbb{Z}_{s^p}^m} N_x = n$, 其中等式成立当且仅当每个

$N_x, x \in \mathbb{Z}_{s^p}^m$ 均为 0 或 1. 因此, $\sum_{j=0}^{mp} S_j(D) \geqslant \tau/n$, 等式成立当且仅当 D 没有重复点. 定理中的公式是根据 $S_0(D) = 1$ 得出的. $\qquad\qquad \square$

定理 2.4.1表明空间填充字长型除了可以展现设计矩阵的分层性质之外, 还能展现设计矩阵是否具有重复点. 与具有重复点的设计相比, 没有重复点的设计具有更好的空间填充性质并且具有更小的 $\sum_{j=1}^{mp} S_j(D)$. 拉丁超立方体设计没有重复点, 因此式 (2.4.1) 中的等式始终适用于拉丁超立方体设计.

例 2.4.2 我们考虑 SOA$(16, 7, 8, 3)$ 的转置:

$$\begin{pmatrix} 5 & 1 & 5 & 1 & 4 & 0 & 4 & 0 & 2 & 6 & 2 & 6 & 3 & 7 & 3 & 7 \\ 5 & 0 & 5 & 0 & 3 & 6 & 3 & 6 & 4 & 1 & 4 & 1 & 2 & 7 & 2 & 7 \\ 5 & 0 & 3 & 6 & 5 & 0 & 3 & 6 & 4 & 1 & 2 & 7 & 4 & 1 & 2 & 7 \\ 3 & 6 & 3 & 6 & 5 & 0 & 5 & 0 & 4 & 1 & 4 & 1 & 2 & 7 & 2 & 7 \\ 3 & 6 & 5 & 0 & 3 & 6 & 5 & 0 & 4 & 1 & 2 & 7 & 4 & 1 & 2 & 7 \\ 3 & 6 & 5 & 0 & 5 & 0 & 3 & 6 & 2 & 7 & 4 & 1 & 4 & 1 & 2 & 7 \\ 5 & 0 & 3 & 6 & 3 & 6 & 5 & 0 & 2 & 7 & 4 & 1 & 4 & 1 & 2 & 7 \end{pmatrix}$$

在搜索其所有两列子列时, 我们总共发现了三种类型的空间填充字长型. 对于列 $(2,3)$, 它的 $S_4 = 1$ 作为 D_1; 对于列 $(1,3)$, 它的 $S_4 = 2$ 作为 D_2; 对于列 $(1,2)$, 它的 $S_4 = 3$ 作为 D_3. $S_4 = 1$, 来自 SOA$(16, 7, 8, 3)$ 的第 $(2, 3)$ 列, 该子列可表示为 D_1; $S_4 = 2$, 来自 SOA$(16, 7, 8, 3)$ 的第 $(1, 3)$ 列, 该子列可表示为 D_2; $S_4 = 3$, 来自 SOA$(16, 7, 8, 3)$ 的第 $(1, 2)$ 列, 该子列可表示为 D_3.

设计 D_1, D_2, D_3 的 8×8 投影图如图 2.3 所示. D_1 在 2×8 和 8×2 网格上实现了分层. D_2 在 8×2 网格上实现了分层, 却未能在 2×8 网格上实现分层, 如图 2.3所示. D_3 未能在 2×8 或 8×2 网格上实现分层, 并且这些投影设计中存在重复点. 从基于分层的空间填充准则来看, $D_1 > D_2 > D_3$. 这三种设计都没有在所有的 2^4 网格上实现分层. 它们都没有在 4×4 网格上实现均匀性.

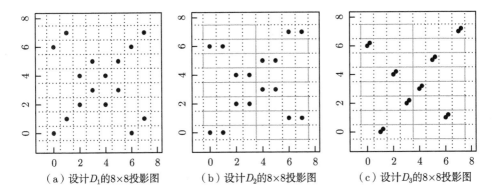

（a）设计 D_1 的 8×8 投影图　　（b）设计 D_2 的 8×8 投影图　　（c）设计 D_3 的 8×8 投影图

图 2.3　设计 D_1, D_2, D_3 的 8×8 投影图

例 2.4.3　考虑 Shi et al. (2020) 列出的 SOA$(32,9,8,3)$. 我们搜索该强正交表的所有两列子列 (共 36 个), 发现这些子列总共有四种不同的空间填充字长型, 其不同之处在于 (S_4,S_5,S_6). (S_4,S_5,S_6) 的四种不同空间填充字长型分别如下:

(1) $(S_4,S_5,S_6) = (0,0,1)$, 来自 SOA$(32,9,8,3)$ 的第 (1, 2) 列, 该子列可表示为 D_1;

(2) $(S_4,S_5,S_6) = (0,2,1)$, 来自 SOA$(32,9,8,3)$ 的第 (2, 6) 列, 该子列可表示为 D_2;

(3) $(S_4,S_5,S_6) = (1,1,1)$, 来自 SOA$(32,9,8,3)$ 的第 (1, 8) 列, 该子列可表示为 D_3;

(4) $(S_4,S_5,S_6) = (2,0,1)$, 来自 SOA$(32,9,8,3)$ 的第 (1, 7) 列, 该子列可表示为 D_4.

对于 D_1, 此设计没有重复点, 并且式 (2.4.1) 中的等式成立, 即 $\sum\limits_{j=1}^{6} S_j(D_1) = 1$. 其他三种设计都只有 16 个不同点, 式(2.4.1) 中的不等式成立, 即 $\sum\limits_{j=1}^{6} S_j(D) = 3 > 1$. 根据基于分层的空间填充准则, D_1 为最佳设计, 其后依次是 D_2, D_3 和 D_4. 图 2.4 为这四种设计的 2×8 和 8×2 投影网格图. 对于 D_1 和 D_2, $S_4 = 0$ 能够保证这两个设计投影在任何 2^4 网格上实现分层. 对于设计 D_1, $S_5 = 0$ 能够保证此设计投影在 4×8 和 8×4 网格上实现分层, 而 D_2 则不然. 在 D_3 和 D_4 之间, D_3 比 D_4 的空间填充性更好, 因为 D_3 投影在 2×8 网格上实现了分层, 而

D_4 投影未在 2×8 和 8×2 网格上实现分层.

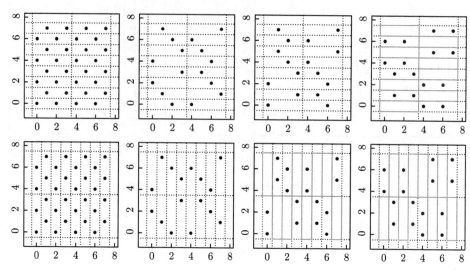

图 2.4　设计 D_1, D_2, D_3, D_4 的投影网格图 (从左到右): 2×8 (上) 和 8×2 (下)

例 2.4.4　Sun et al. (2019) 列出的四种 25×3 拉丁超立方体包括均匀设计、最大最小距离设计、最大投影设计和均匀投影设计. 我们可以使用空间填充准则对它们进行比较和排名. 它们的空间填充字长型被列在表 2.4 中. 由表 2.4 可知, 均匀投影设计是强度为 2 的广义强正交表, 而其他三种设计是强度为 1 的广义强正交表. 这与 Sun et al. (2019) 得到的散点图一致. 在这四种设计中, 均匀投影设计的空间填充性质最好, 而最大最小距离设计的空间填充性质最差. 均匀设计比最大投影设计的空间填充性质好. 这四种设计在空间填充准则下的排名与在 Sun et al. (2019) 使用的均匀投影准则下的排名一致.

表 2.4　四种设计的空间填充字长型

	S_1	S_2	S_3	S_4	S_5	S_6
均匀设计	0	0.64	26.08	85.92	191.36	320.00
最大最小距离设计	0	1.84	22.48	89.52	190.16	320.00
最大投影设计	0	0.96	25.12	86.88	191.04	320.00
均匀投影设计	0	0	28	84	192	320

2.5　基于分层的空间填充准则与其他准则的关系

在本节, 我们探讨基于分层的空间填充准则与其他准则之间的关系. 当 $s = 2$ 且 $p = 1$ 时, 设计矩阵特征值 $\chi_u(D)$ 被 Tang et al. (1999) 和 Tang (2001) 称为 J-特征. 对于两水平非正规设计, 式(2.2.1) 中定义的空间填充字长型与广义字长型一致, 空间填充准则相当于 Tang et al. (1999) 提出的最小 G_2 低阶混杂准则.

这里简单介绍一下广义字长型和广义最小低阶混杂准则. 对于设计 $D_{n \times m}$, 将 X_j 表示为所有 j 因子交互效应的对照系数矩阵, 我们可以将方差分析模型写为

$$Y = X_0 \alpha_0 + X_1 \alpha_1 + \cdots + X_m \alpha_m + \epsilon,$$

其中, Y 是响应向量, X_0 是 1 向量, α_j 是 j 因子交互效应参数的向量. 一个很有意义的结果是, $\|\bar{X}_i^{\mathrm{T}} X_j\|^2$ 与正交对照的选择无关.

定义 2.5.1　令设计矩阵 D 为具有 n 行、m 列和 s 个水平的设计, 广义字长型被定义为 $(A_1(D), \cdots, A_m(D))$, 其中,

$$A_j(D) = n^{-2} \|\bar{X}_0^{\mathrm{T}} X_j\|^2, \quad j = 0, \cdots, m$$

定义 2.5.1 是广义字长型最原始的定义. 有趣的是, 空间填充字长型与广义字长型是相通的. 对于一般的 $s \geqslant 2$ 和 $p = 1$, 特征集 $\{\chi_u; u \in \mathbb{Z}_s\}$ 形成标准化正交对照 (Xu et al., 2001). 对于 $u = (u_1, \cdots, u_m) \in \mathbb{Z}_s^m$, 权重 $\rho(u)$ 是 u 的 Hamming 权重, 即 u 中非零元素的数量.

定义 2.5.2　令设计矩阵 D 为具有 n 行、m 列和 s 个水平的设计, 广义字长型被定义为 $(A_1(D), \cdots, A_m(D))$, 其中,

$$A_j(D) = n^{-2} \sum_{\rho(u)=j} |A_j(D)| = n^{-2} \sum_{\rho(u)=j} |\chi_u(D)|^2. \tag{2.5.1}$$

广义字长型揭示了设计矩阵的别名结构. $A_j(D)$ 不仅测量了所有 j 因子交互作用和截距之间的整体别名量, 还测量了所有 $(j-1)$ 因子交互作用和所有主效应

之间的整体别名量. 由 Xu et al. (2001) 提出的广义最小低阶混杂准则是指按顺序最小化广义字长型中的元素.

当 $p = 1$ 时, 式(2.5.1) 中 $A_j(D)$ 的定义是式 (2.2.1) 中 $S_j(D)$ 定义的特例, 因此广义字长型也是空间填充字长型的特例. 因此, 基于分层的空间填充准则比广义最小低阶混杂准则的应用范围更广.

由于这两个定义相似, 读者要注意这两个概念之间的差异. 定义广义字长型和广义最小低阶混杂准则, 是为了在方差分析模型下选择最好的因子设计. 广义字长型主要考虑因子效应之间的别名情况, 而空间填充字长型则主要考虑设计矩阵的分层性质. 广义最小低阶混杂标准将 s 水平视为符号, 因此改变任何列的因子排列水平都不会改变广义字长型. 相反, 基于分层的空间填充准则将 s^p 水平视为数值, 因此改变任何列的因子排列水平都可能会改变设计矩阵的分层结构和空间填充字长型.

例如, 考虑例 2.2.1 中的两种设计. 当我们将它们视为普通的 8 水平因子设计, 且 $s = 8$, $p = 1$ 时, 这两个设计具有相同的广义字长型 $(A_1, A_2, A_3) = (0, 21, 42)$. 然而, 当我们将它们视为 $s = 2$ 和 $p = 3$ 的广义强正交表时, 它们具有不同的空间填充字长型和不同的强度, 参见例 2.2.1、例 2.4.1 和图 2.2.

Shi et al. (2019) 考虑了强度为 2+ 的强正交表的设计选择. 他们使用的标准相当于使 $S_3(D)$ 最小化. 但是, 他们的标准仅适用于由正规设计构造的强正交表, 而我们的标准是通用的, 适用于任何类型的广义强正交表.

2.6　模拟与比较

我们首先应用空间填充准则来评价和选择设计矩阵. Shi et al. (2020) 考虑了强度为 3 的强正交表的构造. 他们列出了 $m = 7, 8, 9$ 时的三个 SOA$(32, m, 8, 3)$. 我们对这三种设计的所有子表都进行了详尽的搜索. 表 2.5 列出了这三种设计的所有 $m(m = 2, \cdots, 9)$ 列子列的不同空间填充字长型的数量. 对于不同的设计, 不同的空间填充字长型的数量差别很大. 对于 SOA$(32, 7, 8, 3)$ 和 SOA$(32, 8, 8, 3)$, 仅存在少量不同的空间填充字长型. 这些设计的子表大多具有相似的空间填充特性. 然而, 对于 SOA$(32,9,8,3)$, 则有大量不同的空间填充字长型. 例如, 在 SOA$(32,9,8,3)$ 的 126 个 5 列子列中, 有 121 个不同的空间填充字长型. 对于 $m = 6,7,8$, 不同的空间填充字长型的数量分别为 83, 35, 7, 仅比所有子列的数量 84, 36, 9 小 1 或 2. 几乎所有子列都具有不同的空间填充性质.

表 2.5　独一无二的空间填充字长型的数量

设计	子列数							
	2	3	4	5	6	7	8	9
SOA$(32,7,8,3)$	2	4	4	2	1	1	-	-
SOA$(32,8,8,3)$	3	5	8	5	3	1	1	-
SOA$(32,9,8,3)$	4	23	92	121	83	35	7	1

表 2.6~表 2.8 列出了这三种设计所有子列的最佳空间填充字长型和代表列. 对于 $m = 2$, 最好的设计具有强度 5, 因此它们实现了在 8×4 和 4×8 网格上分层. 对于 $m = 3,4$, 最好的设计具有强度 4, 因此它们是强度为 4− 的强正交表 (类似 于强度为 3− 的强正交表的定义), 并且实现了 4×4、8×2、2×8、$4 \times 2 \times 2$、$2 \times 4 \times 2$ 和 $2 \times 2 \times 4$ 网格上的分层, 以及当 $m = 4$ 时在 $2 \times 2 \times 2 \times 2$ 网格上的分层. 对于 $m = 5,6,7,8,9$, 具有最好的空间填充性质的设计具有强度 3. 当 $m = 4,5,6,7,8$ 时, 具有最好的空间填充性质的设计来自 SOA$(32,7,8,3)$ 或 SOA$(32,8,8,3)$. 这 表明 SOA$(32,7,8,2)$ 和 SOA$(32,8,8,3)$ 都不是 SOA$(32,9,8,3)$ 的子列. 在附录 中, 我们列出了 SOA$(32,7,8,3)$、SOA$(32,8,8,3)$ 和 SOA$(32,9,8,3)$ 的 $m(m = 2, \cdots, 9)$ 列子列的所有可能的空间填充字长型.

表 2.6　来自 SOA$(32,7,8,3)$ 的最佳空间填充字长型

m	S_4, S_5, S_6, S_7	代表列	强度
2	0, 0, 1, -	1, 4	4
3	0, 1, 7, 3	1, 4, 7	4
4	0, 9, 19, 11	1, 2, 4, 7	4
5	1, 22, 40, 40	1, 2, 3, 4, 6	3
6	3, 42, 83, 104	1, 2, 3, 4, 5, 6	3
7	7, 70, 161, 224	1, 2, 3, 4, 5, 6, 7	3

表 2.7　来自 SOA$(32,8,8,3)$ 的最佳空间填充字长型

m	S_4, S_5, S_6, S_7	代表列	强度
2	0, 0, 1, -	1, 4	5
3	0, 1, 7, 3	1, 4, 6	4
4	0, 8, 20, 12	1, 2, 3, 5	4
5	3, 17, 44, 38	1, 2, 3, 5, 8	3
6	7, 36, 79, 108	1, 2, 3, 4, 5, 8	3
7	13, 62, 143, 248	1, 2, 3, 4, 5, 6, 7	3
8	22, 96, 252, 496	1, 2, 3, 4, 5, 6, 7, 8	3

表 2.8　来自 SOA$(32,9,8,3)$ 的最佳空间填充字长型

m	S_4, S_5, S_6, S_7	代表列	强度
2	0, 0, 1, -	1, 2	5
3	0, 1, 7, 3	1, 5, 9	4
4	0, 9, 19, 11	3, 7, 8, 9	4
5	3, 16, 42, 46	1, 5, 6, 8, 9	3
6	8, 26, 89, 121	1, 4, 5, 6, 8, 9	3
7	15, 52, 145, 278	1, 2, 4, 5, 6, 8, 9	3
8	27, 80, 248, 546	1, 2, 3, 4, 5, 6, 8, 9	3
9	42, 124, 400, 976	1, 2, 3, 4, 5, 6, 7, 8, 9	3

接下来, 我们将用一个例子来评估广义强正交表在构建统计学替代模型上的表现, 并将其与其他类型的空间填充设计进行比较. 我们从 8 维钻孔函数生成数据用于模拟, 该函数已被 Fang et al. (2006)、Chen et al. (2016) 用于论文中. 我们按照 Fang et al. (2006) 的建议对响应变量进行对数转换. 我们用有常数均值和高斯相关函数的高斯过程模型来拟合钻孔函数. 为了衡量预测误差, 我们使用标准化均方误差, 即

$$
\text{Normalized RMSE} = \left[\frac{N^{-1} \sum_{i=1}^{N} \{\hat{y}(x_i) - y(x_i)\}^2}{N^{-1} \sum_{i=1}^{N} \{\bar{y} - y(x_i)\}^2} \right]^{1/2},
$$

其中, $\{x_1, \cdots, x_N\}$ 是一组测试数据点, $y(x_i)$ 是钻孔函数在 x_i 处的真实响应, $\hat{y}(x_i)$ 是高斯过程模型提供的预测值, $\bar{y}$ 是用于构建模型的数据的平均响应. 我们

使用随机拉丁超立方体设计生成了一个 $N = 10\,000$ 的测试数据集. 标准化均方误差的范围为 $[0, 1]$, 代表着高斯随机过程模型未能解释的方差比例. 根据经验法则, 标准化均方误差小于 0.10 表示模型拟合效果较好, 该模型可以被使用.

我们根据表 2.7 和表 2.8 考虑两个 $SOA(32, 8, 8, 3)$, 它们的 S_4 值分别为 22 和 27. 另外, 我们还使用 Tang (1993) 提到的方法将这两个 8 水平设计扩展到 32 水平随机拉丁超立方体设计. 这两个拉丁超立方体设计为广义强正交表 $GSOA(32, 8, 32, 3)$, 并且与相应的原始 $SOA(32, 8, 8, 3)$ 具有相同的 S_4 值, 但它们的 S_5 值可能有所不同.

除了上述两个广义强正交表, 我们还同时比较其他四种类型的空间填充设计: 最大最小距离拉丁超立方体设计、最大投影拉丁超立方体设计、均匀设计和基于最密集堆积的最大投影设计. 对于最大最小距离拉丁超立方体设计和最大投影拉丁超立方体设计, 我们分别使用 R 包 SLHD(Ba et al., 2015) 和 MaxPro(Joseph et al., 2015) 生成. 我们使用 R 包 UniDOE(Tian et al., 2022) 生成 8 水平和 32 水平均匀设计. 对于基于最密集堆积的最大投影设计, 我们用 R 包 LatticeDesign (He, 2020) 生成. 所有设计都具有 32 行 8 列. 为匹配钻孔函数, 我们将每个设计的每个变量都缩到 $[0, 1]$ 区间中. 为减少模拟结果的偶然性, 对于上述设计, 我们加入了随机重排列标签和列内反转标签的干扰. 这些干扰不会改变设计的几何结构和空间填充字长型, 但是可能会影响模型的标准化均方误差.

图 2.5 的箱线图显示了来自每个设计的 1000 个随机排列和反射得到的标准化均方误差. 其中, soa8 和 soa8lhd 分别代表 $S_4 = 22$ 的 $SOA(32, 8, 8, 3)$ 及其扩展生成的拉丁超立方体设计, soa9 和 soa9lhd 分别代表 $S_4 = 27$ 的 $SOA(32, 8, 8, 3)$ 及其扩展生成的拉丁超立方体设计, maximin 代表最大最小距离拉丁超立方体设计, maxpro 代表最大投影拉丁超立方体设计, ud8 和 ud 代表 8 水平和 32 水平均匀设计, dpmpd 代表基于最密集堆积的最大投影设计.

由图 2.5 可知, 拥有 $S_4 = 22$ 的 $SOA(32, 8, 8, 3)$ 及其相关的拉丁超立方体设计明显优于其他设计, 包括拥有 $S_4 = 27$ 的 $SOA(32, 8, 8, 3)$ 及其相关的拉丁超立方体设计. 这表明广义强正交表以及它背后代表的分层性质在构建统计替代模型上表现出色. 我们提出的基于分层的空间填充准则能有效地评价具有分层性质的空间填充设计. 对于强度相同的广义强正交表, 我们的准则可以分辨出哪个设计更好. 这对于未来评价具有分层性质的广义强正交表具有开拓性意义. 模拟还表明, 当运行规模不大时, 具有良好渐近特性的设计 (如基于最密集堆积的设计和最大最小距离设计) 可能表现不佳.

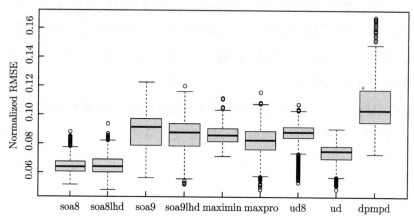

图 2.5　9 种设计下高斯过程拟合所得的标准化均方误差箱线图

本 章 小 结

本章提出了基于分层的空间填充准则. 这个准则的灵感来源于最小低阶混杂准则. 通过对广义强正交表进行计算和解析, 我们提出了空间填充字长型的计算方法, 以对应最小低阶混杂准则的字长型. 定义空间填充字长型是为了表示设计投影到各种网格上的分层属性. 空间填充字长型的每个元素都对应着相应设计矩阵投影到不同体积的网格中的均匀分布程度. 因此, 空间填充字长型可以直观地展现设计矩阵的分层投影均匀性.

为了使用空间填充字长型来评价设计矩阵, 我们同时提出了空间填充排序原则对应效应排序原则. 空间填充排序原则认为设计矩阵在较大的网格上实现分层要比在较小网格上实现分层更为重要. 这是一个经验原则, 然而又非常符合直觉. 如果设计能够在较小的网格上实现分层, 那么在较大的网格上自然就会实现分层. 强正交表的定义也在一定程度上符合空间填充排序原则. 强正交表的强度代表着该设计最多可以在多细的网格上实现分层, 若网格更加细化, 则此强正交表就不能在网格上均匀分布了.

基于分层的空间填充准则选择按顺序最小化空间填充字长型的设计. 按照该准则对设计进行排序, 我们选择了能在最细网格上实现分层的设计. 这个准则适用于具有 s^p 水平的任何设计, 包括广义强正交表、拉丁超立方体或者其他常见的设计. 对于基于分层的空间填充准则, 有最大强度的广义强正交表是最优设计. 同时, 对于有相同强度的广义强正交表, 它也可以区分哪个设计具有更好的分层性质. 我们举例说明了强度相同的广义强正交表在空间填充性上的差异, 并且说明了基于广义强正交表构造的拉丁超立方体设计比基于普通正交表构造的拉丁超立方体设计具有更好的空间填充性. 因此, 基于分层的空间填充准则的直接用途之一是选择更好的广义强正交表来构造空间填充的拉丁超立方体. 当 $p = 1$ 时, 空间填充准则简化为最小低阶混杂准则及其扩展准则. 值得一提的是, 基于分层的空间填充准则侧重于具有几何结构的设计, 设计的水平有大小之分, 而没有类别之分. 我们进一步证明, 在构建统计替代模型时, 根据我们的标准选择的广义强正交表在各种类型的空间填充设计中具有较好的性能.

新的空间填充准则具有明确的几何意义. 然而, 我们还需继续研究此准则的性质和统计学依据. 当考虑所有可能的水平排列时, 广义最小低阶混杂准则与各种均匀性度量以及最大最小距离准则密切相关 (Tang et al., 2012; Zhou et al., 2014; Fang et al., 2018). 研究这些关系是否可以扩展到新的空间填充准则是很有趣的. 但是有一个困难, 那就是我们必须限制水平排列, 以保持空间填充字长型不变. 对于大型设计, 通过定义 2.2.1 计算空间填充字长型是很烦冗的. 未来的研究方向是找到一种有效的计算方法来支持我们的准则的使用. 对于那些具有相同空间填充字长型的设计, 空间填充特性方面的同构定义是值得考虑的. 构建最优的广义强正交表可能是一个大课题. 我们希望将来能取得更多关于广义强正交表的理论成果.

第 3 章　分层模式枚举器及其应用

本章将介绍分层模式枚举器, 它可以刻画空间填充设计的分层正交性. 分层正交性可以被反映在最小低阶混杂类型准则中. Fries et al. (1980) 提出了有名的用于选择正规因析设计的最小低阶混杂准则, 这个准则主要用于选择最小化主效应和两因素交互效应之间的别名的设计. Tang et al. (1999) 和 Xu et al. (2001) 将该准则扩展到非正规和非对称设计, 并提出广义字长型来反映各种因子效应之间别名和非正交性的程度. 一组关键的理论结果是 MacWilliams 恒等式, 它将广义字长型与距离分布连接起来, 并加快了广义字长型的计算速度 (Xu et al., 2001).

对于广义强正交表, 我们在上一章定义了空间填充字长型, 以刻画分层正交性, 并提出了一种最小低阶混杂类型准则对空间填充设计进行排列和评估. 空间填充字长型不仅可以展示广义强正交表的强度, 还可以按顺序描述设计投影到较大的网格区域和较小的网格区域时的均匀性. 然而, 目前没有有效的方法来计算空间填充字长型, 因为 MacWilliams 恒等式在刻画分层时不起作用. 对于具有 n 行、m 列和 s^p 个水平的广义强正交表, 计算空间填充字长型需要 $O(nmps^{mp})$ 次操作. 没有有效的算法, 基于分层的空间填充准则很难广泛应用.

在本章, 我们介绍一种用于评估设计矩阵分层性质的工具: 分层模式枚举器. 它源于 Tang et al. (2021) 为部分因析设计定义的字长型枚举器, 但是它们的原理不尽相同. 字长型枚举器假设线性模型具有正交多项式对照, 而分层模式枚举器纯粹是为了评价设计的分层性质而开发的. 对于具有 n 行、m 列和 s^p 个水平的广义强正交表, 计算枚举器仅需要 $O(n^2 m)$ 次操作并且能达到和空间填充字长型一样的评价效果. 与空间填充字长型相比, 分层模式枚举器的计算速度得到了极大的提高. 我们证明了所提出的分层模式枚举器是空间填充字长型的线性函数. 基于这种联系, 我们开发了两种简单快速的算法来获取空间填充字长型. 在因子数量较大的情况下, 计算全部空间填充字长型时会遇到数值问题. 在这种情况下,我们可以使用分层模式枚举器来获取空间填充字长型的前几个重要元素, 舍弃不重要的元素, 并且避免出现计算数值精确度不够的情况.

此外, 我们利用编码理论中的 NRT 距离来刻画基于分层的设计点之间的距离. 我们进一步推导出了分层模式枚举器的下界, 并提供了构建达到该下界的设计矩阵的方法. 我们所构建的设计在低维空间中具有非常优越的空间填充性质, 在 Tian et al. (2022) 提出的空间填充准则下是最优的.

3.1 基于分层的 NRT 距离

令 $\mathbb{Z}_s = \{0, 1, \cdots, s-1\}$ 表示模 s 的整数环. 对于给定的 s 和 p, 我们需要上一章系列函数的定义 2.1.2、逆内积的定义 2.1.4、特征值的定义 2.1.5、向量特征值的定义 2.1.7 以及特征值矩阵的定义 2.1.8. 特征值是分层性质理论研究中非常重要的一个概念, 类似于 ANOVA 模型中使用的正交对照, 它也完全捕捉了设计矩阵的分层性质, 并且是无模型假设的, 可以应用在任何设计矩阵上.

Hamming 距离在析因设计理论的发展中起着至关重要的作用 (Cheng, 2014; Mukerjee et al., 2006). 然而, 对于广义强正交表, Hamming 距离无法获取关于分层的详细信息. 为了捕获分层结构, 我们借鉴了编码理论中 NRT 距离的概念. NRT 距离以 Niederreiter、Rosenbloom 和 Tsfasman 命名 (Bierbrauer et al., 2002), 是 Hamming 距离的一种推广, 其定义如下.

定义 3.1.1 对任意 $x, y \in \mathbb{Z}_{s^p}$, 它们的 NRT 距离 $\rho(x, y)$ 为

$$\rho(x, y) = p + 1 - \min\{i \mid f_i(x) - f_i(y) \neq 0, i = 1, \cdots, p\}, \quad x \neq y,$$

并且 $\rho(x, x) = 0$.

在定义了 NRT 距离后, 我们可以利用 NRT 距离重新定义上一章中权重的概念.

定义 3.1.2 定义 $x \in \mathbb{Z}_{s^p}$ 的 NRT 权重为

$$\rho(x) = \rho(x, 0).$$

重新定义的 NRT 权重与上一章定义的权重意义相同, x 的权重是在抹去所有

前导零后, 用基为 s 的数字系统表示 x 所需的数字的数量. 例如, 表 2.2 列出了所有可能的 $x \in \mathbb{Z}_{2^3}$ 的系列函数和权重.

容易验证 $\rho(x, y)$ 是一个非负的对称函数, 并且三角不等式 $\rho(x, y) \leqslant \rho(x, z) + \rho(y, z)$ 成立. 证明过程很简单: 若 $x = y$ 或 $x = z$, 则不等式成立是显而易见的; 若 $x \neq y \neq z$, 我们可以通过事实

$$\min\{i | f_i(x) - f_i(y) \neq 0\} \geqslant \min\left(\min\{i | f_i(x) - f_i(z) \neq 0\}, \min\{i | f_i(y) - f_i(z) \neq 0\}\right)$$

来证明不等式成立.

NRT 距离揭示了基于分层的度量空间下 $\mathbb{Z}_{s^p}$ 中两个点之间的距离. 若 $\rho(x, y) = d > 0$, 则当设计区域 $\mathbb{Z}_{s^p}$ 被划分为 s^{p-d} 个格子时, 点 x 和 y 属于同一个格子; 但当设计区域 $\mathbb{Z}_{s^p}$ 被划分为 s^{p-d+1} 个格子时, 它们则属于不同的格子. 只有当 $x = y$ 时, 点 x 和 y 的 NRT 距离才为 0.

例 3.1.1 考虑 $\mathbb{Z}_{2^3} = \{0, \cdots, 7\}$. 对于 $x = 4$ 和 $y = 6$, 它们的系列函数分别为 $(f_1(x), f_2(x), f_3(x)) = (1, 0, 0)$ 和 $(f_1(y), f_2(y), f_3(y)) = (1, 1, 0)$, 因此

$$\rho(x, y) = 3 + 1 - \min\{i | f_i(x) - f_i(y) \neq 0, i = 1, \cdots, 3\} = 4 - 2 = 2.$$

为了解释这个 NRT 距离, 我们将设计区域 $\mathbb{Z}_{2^3}$ 分层为 1、2、4 和 8 部分. 当将 $\mathbb{Z}_{2^3}$ 划分为 2 部分时, 点 x 和 y 处于相同的分层, 即 $\{0, 1, 2, 3\}$ 和 $\{4, 5, 6, 7\}$; 当将 $\mathbb{Z}_{2^3}$ 划分为 4 部分时, 即 $\{0, 1\}, \{2, 3\}, \{4, 5\}, \{6, 7\}$, 点 x 和 y 处于不同的分层.

例 3.1.2 图 3.1 为 $s = 2, p = 3$ 和 $s = 3, p = 2$ 两种情况下所有可能的 NRT 距离. 在图 3.1 中, 我们令 x 在横轴, y 在纵轴, $\rho(x, y)$ 在 x 和 y 的连线上. 我们可以在图 3.1 中看到, NRT 距离的分布与 s 和 p 的选择有直接关系. 对于 $s = 2, p = 3$, 大部分 NRT 距离为 3, 一小部分为 2, 更小一部分为 1. 对于 $s = 3, p = 2$, 绝大部分 NRT 距离为 2, 一小部分为 1. 举个例子, 对于 $s = 2, p = 3$, $\rho(2, 0) = 2$; 而对于 $s = 3, p = 2$, $\rho(2, 0) = 1$. 有趣的是, $s = 3, p = 2$ 时得到的图与 $s = 2, p = 3$ 时得到的图相比, 网格更多, 但距离更短. s 和 p 的选择会影响点与点之间的距离.

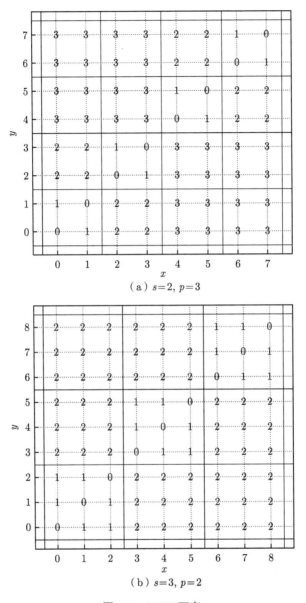

（a）$s=2$, $p=3$

（b）$s=3$, $p=2$

图 3.1　NRT 距离

定义 3.1.3　对于向量 $u = (u_1, \cdots, u_m), x = (x_1, \cdots, x_m) \in \mathbb{Z}_{s^p}^m$，定义 x 的 NRT 权重为

$$\rho(x) = \sum_{i=1}^{m} \rho(x_i).$$

设 D 是一个广义强正交表 $\text{GSOA}(n, m, s^p, t)$. 对于任意的 $u \in \mathbb{Z}_{s^p}^m$, 定义 $\chi_u(D) = \sum\limits_{x \in D} \chi_u(x)$, 其中 x 是 D 的一行, 求和遍历 D 的所有行. 对于 $j = 0, \cdots, mp$, 定义对 $\chi_u(D)$ 的求和遍历所有具有 NRT 权重 $\rho(u) = j$ 的 $u \in \mathbb{Z}_{s^p}^m$. 向量 $(S_1(D), \cdots, S_{mp}(D))$ 被称为空间填充字长型 (Tian et al., 2022), 也被称为分层字长型 (Groemping, 2022). 对于 $s = 2$, 特征值矩阵 H 是一个阶数为 2^p 的 Hadamard 矩阵. 表 2.3 以 $u, x \in \mathbb{Z}_{2^3}$ 为例列出了特征值矩阵. R 包 SOAs (Groemping et al., 2022) 中的 Spattern 函数通过编码计算空间填充字长型, 避免了使用复数的情况. 我们这里使用复数特征值是因为它更便于理论推导的进行.

空间填充字长型刻画了广义强正交表的强度. Tian et al. (2022) 证明, D 的强度为 t 当且仅当对于 $i = 1, \cdots, t$, 有 $S_i(D) = 0$. 基于分层的空间填充准则优先选择依次最小化空间填充字长型的元素的设计矩阵. 对于具有相同强度 t 的广义强正交表, 该准则优先选择基于向量 $(S_{t+1}(D), \cdots, S_{mp}(D))$ 的设计.

基于分层的空间填充准则的基本假设是空间填充排序原则 (Tian et al., 2022):

(1) 设计在较大网格上实现分层比在较小网格上实现分层更重要;

(2) 设计在相同体积网格上实现分层同等重要.

空间填充排序原则非常自然. 如果一个设计不能在较大的子区域上实现分层, 那么它也不能在它们的子分区, 即较小的子区域上实现分层. 因此, 在较大的子区域上的分层性质更为重要. 基于以上原则, 空间填充准则优先选择依次最小化空间填充字长型的元素的设计.

基于分层的空间填充准则包括最小 G_2 低阶混杂准则 (Tang et al., 1999) 和广义最小低阶混杂准则 (Xu et al., 2001). 当 $p = 1$ 时, 空间填充字长型与由 Xu et al. (2001) 定义的广义字长型相同. 我们重点讨论 $p > 1$ 的情况.

按照定义 2.2.1 计算空间填充字长型是很烦琐的. 要得到 $S_j(D)$, 我们需要找出并计算所有满足 $\rho(u) = j$ 的 $u \in \mathbb{Z}_{s^p}^m$ 的 $\chi_u(D)$. 计算空间填充字长型的复杂度是 $O(nmps^{mp})$, 因为总共有 s^{mp} 个可能的 u, 其 NRT 权重的范围是从 0 到 mp. 此外, 找到满足 $\rho(u) = j$ 的 $u = (u_1, \cdots, u_m)$ 是一项复杂的工作, 涉及多种排列和组合计算. 我们将在下一节提出一种分层模式枚举器来完成这项工作.

3.2 分层模式枚举器

为了定义分层模式枚举器, 我们需要定义一些辅助性的概念.

定义 3.2.1 对于 $u, v \in \mathbb{Z}_{s^p}$, 定义 u 和 v 之间的加权相似性为

$$R(u, v; y) = \sum_{i=0}^{s^p - 1} \chi_i(u)\overline{\chi_i(v)}y^{\rho(i)},$$

其中 y 是一个不定变量, 而 $\rho(i)$ 是 NRT 权重.

变量 y 的幂次决定了不同大小子区域上分层性质的相对重要性. 对于任意固定的 u 和 v, 加权相似性是针对所有可能的 $i \in \mathbb{Z}_{s^p}$ 对 $\chi_i(u)\overline{\chi_i(v)}$ 计算加权总和, 权重是 y 的 $\rho(i)$ 次幂. 特征值是正交的, 因此当 $u = v$ 时, $\sum_{i=0}^{s^p - 1} \chi_i(u)\overline{\chi_i(v)}$ 等于 s^p, 否则为 0. 参数 $y^{\rho(i)}$ 用于对特征值乘积进行加权, 以强调在不同子区域上分层的重要性.

例 3.2.1 对于 $\mathbb{Z}_{2^3}$ 中的 $u = 3$ 和 $v = 6$, 利用表 2.3 计算加权相似性:

$$
\begin{aligned}
R(3, 6; y) &= \sum_{i=0}^{7} \chi_i(3)\overline{\chi_i(6)}y^{\rho(i)} \\
&= 1 + 1 \cdot (-1) \cdot y + (-1) \cdot (-1) \cdot y^2 + \\
&\quad (-1) \cdot 1 \cdot y^2 + (-1) \cdot 1 \cdot y^3 + (-1) \cdot (-1) \cdot y^3 + 1 \cdot (-1) \cdot y^3 + 1 \cdot 1 \cdot y^3 \\
&= 1 - y.
\end{aligned}
$$

加权相似性揭示了两个点之间的相似程度. 加权相似性具有最大值的前提是 $y > 0$.

下面的引理表明, 给定 s, p 和 y, 加权相似性 $R(u, v; y)$ 是 NRT 距离 $\rho(u, v)$ 的函数.

引理 3.2.1 对于 $u, v \in \mathbb{Z}_{s^p}$, 令 $k = \rho(u, v)$ 为 u 和 v 之间的 NRT 距离, 那么

$$
R(u, v; y) = R_k(y) = \begin{cases} (1-y)[1-(sy)^{p+1}]/(1-sy) + s^p y^{p+1}, & k = 0, \\ (1-y)[1-(sy)^{p-k+1}]/(1-sy), & k = 1, \cdots, p. \end{cases}
$$

证明 对于任意 $u, v \in \mathbb{Z}_s$, 有

$$\sum_{i \in \mathbb{Z}_s} \chi_i(u) \overline{\chi_i(v)} = \sum_{i \in \mathbb{Z}_s} \xi^{ui} \xi^{-vi} = \sum_{i \in \mathbb{Z}_s} \xi^{(u-v)i} = s\delta_{u,v},$$

其中: $\xi = e^{2\pi\sqrt{-1}/s}$; $\overline{\chi_i(v)}$ 是 $\chi_i(v)$ 的复共轭; $\delta_{u,v}$ 当 $u = v$ 时为 1, 否则为 0.

接下来, 对于任意 $u, v \in \mathbb{Z}_{s^p}$, 加权相似度为

$$R(u, v; y) = \sum_{i \in \mathbb{Z}_{s^p}} \chi_i(u) \overline{\chi_i(v)} y^{\rho(i)} = \sum_{k=0}^{p} \Delta_k y^k,$$

其中,

$$\Delta_k = \sum_{i \in \mathbb{Z}_{s^p}, \rho(i)=k} \chi_i(u) \overline{\chi_i(v)}.$$

我们需要使用映射函数推导出 Δ_k 的一般公式.

对于 $u, v \in \mathbb{Z}_{s^p}$, 有

$$\chi_i(u) \overline{\chi_i(v)} = \prod_{j=1}^{p} \xi^{[f_{p-j+1}(u) - f_{p-j+1}(v)] f_j(i)}.$$

当 $k = 0$ 时, 显然 $\Delta_0 = 1$.

当 $k = 1$ 且 $\rho(i) = 1$ 时, 我们有 $f_1(i) = \cdots = f_{p-1}(i) = 0, f_p(i) \neq 0$,

$$\Delta_1 = \sum_{i \in \mathbb{Z}_{s^p}, \rho(i)=1} \chi_i(u) \overline{\chi_i(v)} = \sum_{f_p(i) \in \mathbb{Z}_s \setminus 0} \xi^{[f_1(u) - f_1(v)] f_p(i)} = s\delta_{f_1(u), f_1(v)} - 1.$$

当 $k = 2$ 且 $\rho(i) = 2$ 时, 我们有 $f_1(i) = \cdots = f_{p-2}(i) = 0, f_{p-1}(i) \neq 0$,

$$\Delta_2 = \sum_{i \in \mathbb{Z}_{s^p}, \rho(i)=2} \chi_i(u) \overline{\chi_i(v)} = \left(\sum_{f_p(i) \in \mathbb{Z}_s} \xi^{[f_1(u) - f_1(v)] f_p(i)} \right) \left(\sum_{f_{p-1}(i) \in \mathbb{Z}_s \setminus 0} \xi^{[f_2(u) - f_2(v)] f_{p-1}(i)} \right)$$

$$= (s\delta_{f_1(u), f_1(v)})(s\delta_{f_2(u), f_2(v)} - 1)$$

$$= s(s\delta_{f_2(u), f_2(v)} - 1) 1_{\{\rho(u,v) \leqslant p-1\}},$$

其中, 如果 $\rho(u, v) \leqslant p - 1$, $1_{\{\rho(u,v) \leqslant p-1\}} = 1$, 否则为 0.

当 $k = 3$ 且 $\rho(i) = 3$ 时, 我们有 $f_1(i) = \cdots = f_{p-3}(i) = 0, f_{p-2}(i) \neq 0$,

$$\Delta_3 = \sum_{i \in \mathbb{Z}_{s^p}, \rho(i)=3} \chi_i(u) \overline{\chi_i(v)}$$

$$= \left(\sum_{f_p(i) \in \mathbb{Z}_s} \xi^{[f_1(u) - f_1(v)] f_p(i)} \right) \cdot \left(\sum_{f_{p-1}(i) \in \mathbb{Z}_s} \xi^{[f_2(u) - f_2(v)] f_{p-1}(i)} \right) \cdot$$

$$\left(\sum_{f_{p-2}(i)\in\mathbb{Z}_s\setminus 0} \xi^{[f_3(u)-f_3(v)]f_{p-2}(i)} \right)$$

$$=(s\delta_{f_1(u),f_1(v)})(s\delta_{f_2(u),f_2(v)})(s\delta_{f_3(u),f_3(v)}-1)$$

$$=s^2(s\delta_{f_3(u),f_3(v)}-1)1_{\{\rho(u,v)\leqslant p-2\}}.$$

一般地, 对于 $k \geqslant 1$,

$$\Delta_k = \sum_{i\in\mathbb{Z}_{s^p},\rho(i)=k} \chi_i(u)\overline{\chi_i(v)} = s^{k-1}(s\delta_{f_k(u),f_k(v)}-1)1_{\{\rho(u,v)\leqslant p-k+1\}}.$$

因此, 加权相似度为

$$R(u,v;y) = \sum_{k=0}^{p} \Delta_k y^k = 1 + \sum_{k=1}^{p} s^{k-1}(s\delta_{f_k(u),f_k(v)}-1)1_{\{\rho(u,v)\leqslant p-k+1\}}y^k.$$

当 $\rho(u,v)=0$ 时, 对于 $k=1,\cdots,p$, 有 $\delta_{f_k(u),f_k(v)}=1$.
于是, 我们有

$$R(u,v;y) = 1 + \sum_{k=1}^{p} s^{k-1}(s-1)y^k = \sum_{k=0}^{p} s^k y^k(1-y) + s^p y^{p+1}$$

$$= \frac{(1-y)[1-(sy)^{p+1}]}{1-sy} + s^p y^{p+1}.$$

当 $\rho(u,v)=l>0$ 时, 对于 $k=1,\cdots,p-l$, 有 $\delta_{f_k(u),f_k(v)}=1$. 而 $\delta_{f_{p-l+1}(u),f_{p-l+1}(v)}=0$, 故

$$R(u,v;y) = 1 + \sum_{k=1}^{p-l} s^{k-1}(s-1)y^k - s^{p-l}y^{p-l+1}$$

$$= \sum_{k=0}^{p-l} s^k y^k(1-y) = \frac{(1-y)[1-(sy)^{p-l+1}]}{1-sy}. \qquad \square$$

引理 3.2.1 表明, 当 $y \in (0,1)$ 时, $R(u,v;y)$ 为正, 并随着 NRT 距离 $k = \rho(u,v)$ 的增大而减小, 因此, $R(u,v;y)$ 衡量了 u 和 v 基于分层空间和不定变量 y 的相似性. 很容易看出, $R_0(y)$ 是 y 的 p 次多项式. 对于 $k=1,\cdots,p$, $R_k(y)$ 是 y 的 $p-k+1$ 次多项式.

我们举几个例子进行说明.

例 3.2.2 (1) 当 $p=1$ 时, $\rho(u,v)=0$ 或 1. 我们有

$$R_0(y) = 1 + (s-1)y, \quad R_1(y) = 1 - y.$$

(2) 对于 $u,v \in \mathbb{Z}_{2^2}$, 当 $s=2,p=2$ 时, $\rho(u,v)=0$、1 或 2. 我们有

$$R_0(y) = 1 + y + 2y^2, \quad R_1(y) = 1 + y - 2y^2, \quad R_2(y) = 1 - y.$$

(3) 对于 $u,v \in \mathbb{Z}_{3^2}$, 当 $s=3,p=2$ 时, $\rho(u,v)=0$、1 或 2. 我们有

$$R_0(y) = 1 + 2y + 6y^2, \quad R_1(y) = 1 + 2y - 3y^2, \quad R_2(y) = 1 - y.$$

(4) 对于 $u,v \in \mathbb{Z}_{2^3}$, 当 $s=2,p=3$ 时, $\rho(u,v)=0$、1、2 或 3. 我们有

$$R_0(y)=1+y+2y^2+4y^3, \quad R_1(y)=1+y+2y^2-4y^3, \quad R_2(y)=1+y-2y^2, \quad R_3(y)=1-y.$$

对于 $u,v \in \mathbb{Z}_{2^3}$ 和 $y=0.1$, 表 3.1 列出了所有可能的 $R(u,v;y)$, 其中 $R_0(y) = 1.124, R_1(y) = 1.116, R_2(y) = 1.08, R_3(y) = 0.9$.

表 3.1 对于 $u,v \in \mathbb{Z}_{2^3}$ 和 $y=0.1$, 所有可能的 $R(u,v;y)$

	$u=0$	$u=1$	$u=2$	$u=3$	$u=4$	$u=5$	$u=6$	$u=7$
$v=0$	1.124	1.116	1.08	1.08	0.9	0.9	0.9	0.9
$v=1$	1.116	1.124	1.08	1.08	0.9	0.9	0.9	0.9
$v=2$	1.08	1.08	1.124	1.116	0.9	0.9	0.9	0.9
$v=3$	1.08	1.08	1.116	1.124	0.9	0.9	0.9	0.9
$v=4$	0.9	0.9	0.9	0.9	1.124	1.116	1.08	1.08
$v=5$	0.9	0.9	0.9	0.9	1.116	1.124	1.08	1.08
$v=6$	0.9	0.9	0.9	0.9	1.08	1.08	1.124	1.116
$v=7$	0.9	0.9	0.9	0.9	1.08	1.08	1.116	1.124

我们可以将加权相似性的定义扩展到 $\mathbb{Z}_{s^p}$ 上的向量.

定义 3.2.2 对于 $d_a = (d_{a1}, \cdots, d_{am})$ 和 $d_b = (d_{b1}, \cdots, d_{bm})$, 它们之间的加权相似性定义为

$$R(d_a, d_b; y) = \prod_{j=1}^{m} R(d_{aj}, d_{bj}; y) = \prod_{j=1}^{m} \left(\sum_{i=0}^{s^p-1} \chi_i(d_{aj}) \overline{\chi_i(d_{bj})} y^{\rho(i)} \right).$$

向量形式的加权相似性是每个分量的加权相似性的乘积. 这个表达式考虑了所有维度上的加权相似性, 与前面定义权重、特征值等一样, 选择将各个维度的数值相乘. 这种计算方法也赋予了加权相似性权重、特征值的可分离性 (Separable).

我们已经做好了所有必要的准备, 下面介绍分层模式枚举器.

定义 3.2.3　令 D 是一个广义强正交表 $\text{GSOA}(n,m,s^p,t)$. 设 d_a 和 d_b 分别是 D 的第 a 行和第 b 行. 加权相似性 $R(d_a, d_b; y)$ 表示设计 D 中第 a 行和第 b 行两个试验的相似程度. 我们将设计 D 的分层模式枚举器定义为

$$E(D;y) = n^{-2} \sum_{a=1}^{n} \sum_{b=1}^{n} R(d_a, d_b; y) = n^{-2} \sum_{a=1}^{n} \sum_{b=1}^{n} \prod_{j=1}^{m} R(d_{aj}, d_{bj}; y). \quad (3.2.1)$$

下面的定理建立了分层模式枚举器与空间填充字长型之间的联系.

定理 3.2.1　分层模式枚举器 $E(D;y)$ 是空间填充字长型的线性组合:

$$E(D;y) = \sum_{k=0}^{mp} S_k(D) y^k,$$

其中 $S_0(D) = 1$.

证明　设计 D 的第 a 行 $d_a = (d_{a1}, \cdots, d_{am})$ 与第 b 行 $d_b = (d_{b1}, \cdots, d_{bm})$ 之间的加权相似度是关于 y 的 mp 次多项式函数. 因此, 我们有

$$\prod_{j=1}^{m} R(d_{aj}, d_{bj}) = \prod_{j=1}^{m} \left(\sum_{i=0}^{s^p-1} \chi_i(d_{aj}) \overline{\chi_i(d_{bj})} y^{\rho(i)} \right)$$

$$= \sum_{k=0}^{mp} \left(\sum_{\rho(u_1)+\cdots+\rho(u_m)=k} \prod_{j=1}^{m} \chi_{u_j}(d_{aj}) \overline{\chi_{u_j}(d_{bj})} \right) y^k,$$

其中, 第二个求和是对所有的 $u = (u_1, \cdots, u_m) \in \mathbb{Z}_{s^p}^m$ 且 $\rho(u) = \rho(u_1) + \cdots + \rho(u_m) = k$ 进行的. 故分层模式枚举器可以写成

$$E(D;y) = n^{-2} \sum_{a=1}^{n} \sum_{b=1}^{n} \prod_{j=1}^{m} R(d_{aj}, d_{bj})$$

$$= n^{-2} \sum_{a=1}^{n} \sum_{b=1}^{n} \sum_{k=0}^{mp} \left(\sum_{\rho(u_1)+\cdots+\rho(u_m)=k} \prod_{j=1}^{m} \chi_{u_j}(d_{aj}) \overline{\chi_{u_j}(d_{bj})} \right) y^k$$

$$= n^{-2} \sum_{k=0}^{mp} \left(\sum_{\rho(u_1)+\cdots+\rho(u_m)=k} \sum_{a=1}^{n} \sum_{b=1}^{n} \prod_{j=1}^{m} \chi_{u_j}(d_{aj}) \overline{\chi_{u_j}(d_{bj})} \right) y^k$$

$$= n^{-2} \sum_{k=0}^{mp} \sum_{\rho(u_1)+\cdots+\rho(u_m)=k} \left| \sum_{a=1}^{n} \prod_{j=1}^{m} \chi_{u_j}(d_{aj}) \right|^2 y^k$$

$$= n^{-2} \sum_{k=0}^{mp} \sum_{\rho(u)=k} \left| \chi_u(D) \right|^2 y^k$$

$$= \sum_{k=0}^{mp} S_k(D) y^k. \qquad \square$$

分层模式枚举器是 y 的多项式函数, 其系数为空间填充字长型. 所有 $i \in \mathbb{Z}_{s^p}$ 共有 $p+1$ 个不同的权重 $\rho(i) \in \{0, 1, \cdots, p\}$. 当 $p = 1$ 时, $\rho(i) \in \{0, 1\}$ 缩减为 Hamming 权重, 而特征值 $\chi_i(u), i = 0, \cdots, s-1$ 则作为正交对照基. 相应地, 空间填充字长型等同于因析设计的广义字长型 (Xu et al., 2001), 而分层模式枚举器则等同于广义最小低阶混杂准则下的字长枚举器 (Tang et al., 2021). 当 $p \geqslant 2$ 时, 分层模式枚举器捕捉了设计点在设计区域的每个维度都被分层成 $s, \cdots, s^p$ 部分时的均匀分布程度. 设计矩阵的分层模式枚举器与设计的分层性质密切相关, 当 y 足够小时, 分层模式枚举器与基于分层的空间填充准则等价.

定理 3.2.2 对于两个可比较的广义强正交表 D_1 和 D_2, 如果基于分层的空间填充准则更倾向于选择 D_1 而不是 D_2, 那么必然存在一个 $\epsilon > 0$, 使得对于任意 $y \in (0, \epsilon)$,

$$E(D_1; y) - E(D_2; y) < 0.$$

证明 如果空间填充准则更倾向于选择 D_1 而不是 D_2, 那么必然存在一个 l 使得 $S_j(D_1) = S_j(D_2), j = 1, \cdots, l$, 且 $S_{l+1}(D_1) < S_{l+1}(D_2)$. 我们有

$$E(D_1; y) - E(D_2; y) = \sum_{k=0}^{mp} (S_k(D_1) - S_k(D_2)) y^k = \sum_{k=l+1}^{mp} (S_k(D_1) - S_k(D_2)) y^k.$$

因此,

$$\frac{E(D_1; y) - E(D_2; y)}{y^{l+1}} = (S_{l+1}(D_1) - S_{l+1}(D_2)) + \sum_{k=l+2}^{mp} (S_k(D_1) - S_k(D_2)) y^{k-l-1}.$$

由于 $\lim\limits_{y \to 0} \sum\limits_{k=l+2}^{mp} (S_k(D_1) - S_k(D_2)) y^{k-l-1} = 0$, 因此必然存在一个 $\epsilon > 0$, 使得当 $y \in (0, \epsilon)$ 时, $E(D_1; y) - E(D_2; y) < 0$. $\qquad \square$

定理 3.2.2 表明分层模式枚举器可以作为空间填充字长型的一个替代性指标, 根据空间填充排序原则对设计矩阵进行排名. 当 y 足够小时, 分层模式枚举器与空间填充字长型对设计进行排名的结果完全相同. 如何选择 y 的值取决于设计的

规模和区分不同设计所需的精度. 我们建议选择 y 在 0.001 和 0.1 之间, 这将满足大多数实际情况. 以下是一个示例.

例 3.2.3 在文献 (Tian et al., 2022) 的表 4 中, 作者列出了来自文献 (Shi et al., 2020) 的 SOA$(32, 9, 8, 3)$ 的所有子数列的不同空间填充字长型的总数. SOA$(32, 9, 8, 3)$ 的所有 8 列子数列有 7 种不同的空间填充字长型. 我们找到这 7 个子数列, 发现它们的 $(S_4, S_5, S_6, S_7, \cdots)$ 不同. 我们使用 $y = 0.1$ 的分层模式枚举器来评估它们, 结果如表 3.2 所示. 空间填充字长型和分层模式枚举器产生的排名是相同的.

表 3.2 **SOA**$(32, 8, 8, 3)$ 的空间填充字长型和分层模式枚举器

设计	S_4	S_5	S_6	S_7	$E(D; 0.1)$
1	27	80	248	546	1.003 819
2	27	82	242	548	1.003 833
3	28	78	250	540	1.003 900
4	28	82	238	540	1.003 928
5	29	80	240	534	1.004 010
6	29	82	234	536	1.004 024
7	30	76	248	524	1.004 077

通过式 (2.2.1) 计算空间填充字长型需要 $O(nmps^{mp})$ 次操作来遍历所有的 $u \in \mathbb{Z}_{s^p}^m$. 时间复杂度随着因子数量的增加呈指数增长. 相比之下, 分层模式枚举器只需要 $O(n^2m)$ 次操作, 对应的因子数量是呈线性增长的. 因此, 使用分层模式枚举器对设计进行排名要比使用空间填充字长型更高效. 我们建议在得出最终结论之前尝试使用不同的 y 值计算分层模式枚举器. y 较大时, 我们可能无法根据空间填充排序原则对设计进行排名. 但是, y 极小时, 我们可能无法在计算机精度内区分设计.

除了对设计排名感兴趣之外, 我们还对显式获取空间填充字长型感兴趣, 因为它揭示了设计的分层性质, 并具有生动的几何解释. 根据定理 3.2.1, 空间填充字长型 $S_i(D), i = 1, \cdots, mp$ 的元素是分层模式枚举器 $E(D; y)$ 中 y^i 的系数. 因此, 我们想到可以通过求解一组线性方程来计算空间填充字长型.

我们提出了一种快速获取空间填充字长型的方法. 设 $y_1, \cdots, y_{mp}$ 是 mp 个不同的非零数, $E(D; y_i)$ 是相应的分层模式枚举器的值. 根据定理 3.2.1, 构建线

性方程组如下:

$$
\begin{pmatrix}
y_1 & y_1^2 & \cdots & y_1^{mp} \\
y_2 & y_2^2 & \cdots & y_2^{mp} \\
\vdots & \vdots & & \vdots \\
y_{mp} & y_{mp}^2 & \cdots & y_{mp}^{mp}
\end{pmatrix}
\begin{pmatrix}
S_1(D) \\
S_2(D) \\
\vdots \\
S_{mp}(D)
\end{pmatrix}
=
\begin{pmatrix}
E(D; y_1) - 1 \\
E(D; y_2) - 1 \\
\vdots \\
E(D; y_{mp}) - 1
\end{pmatrix}.
$$

这个线性系统可以被简单表示为 $YS = E$, 其中 Y 是 $(mp) \times (mp)$ 矩阵 (y_i^j), S 是空间填充字长型, E 是向量 $(E(D; y_1) - 1, \cdots, E(D; y_{mp}) - 1)^{\mathrm{T}}$. 矩阵 Y 的行列式为 $\prod_{i=1}^{mp} y_i \prod_{1 \leqslant i < j \leqslant mp} (y_j - y_i)$. 对于不同的非零 y_i, Y 是非奇异的. 空间填充字长型可以通过 $S = Y^{-1}E$ 解出. 尽管 $y_1, \cdots, y_{mp}$ 可以是任意非零的不同的数, 但是对一个 $(mp) \times (mp)$ 矩阵求逆的计算成本高昂. 另外, 当 mp 很大时, y_i^{mp} 会变得非常大或非常小. 因此, 计算时可能会遇到数值问题, 我们可以使用复数的技巧进行解决.

为了避免遇到困难, 我们使用复数矩阵. 令 $y_j = \mathrm{e}^{2\pi j\sqrt{-1}/(mp)}$. 每个 y_j 都是 mp 次单位根, Y 是对称矩阵. 基于 mp 次单位根的正交性, 我们有 $\overline{Y}^{\mathrm{T}}Y = Y\overline{Y}^{\mathrm{T}} = mpI$ 和 $Y^{-1} = \overline{Y}^{\mathrm{T}}/(mp)$, 其中 I 是单位矩阵.

定理 3.2.3 对于广义强正交表 D: $\mathrm{GSOA}(n, m, s^p, t)$, D 的空间填充字长型可以通过以下方式计算:

$$
S_i(D) = (mp)^{-1} \sum_{j=1}^{mp} y_j^{-i}[E(D; y_j) - 1], \quad i = 1, \cdots, mp, \tag{3.2.2}
$$

其中 $y_j = \mathrm{e}^{2\pi j\sqrt{-1}/(mp)}$, $j = 1, \cdots, mp$.

基于定理 3.2.3, 我们开发了一个两步算法来计算空间填充字长型, 具体如下:

步骤 1: 对于 $j = 1, \cdots, mp$, 根据式(3.2.1) 计算 $E(D; y_j)$, 其中 $y_j = \mathrm{e}^{2\pi j\sqrt{-1}/(mp)}$;

步骤 2: 对于 $i = 1, \cdots, mp$, 根据式(3.2.2) 计算 $S_i(D)$.

每个分层模式枚举器 $E(D; y_j)$ 都可以在 $O(n^2m)$ 次操作内被计算出来, 因此步骤 1 的复杂度为 $O(n^2m^2p)$. 步骤 2 仅需要 $O(m^2p^2)$ 次操作. 因此, 空间填充

字长型可以在 $O(n^2m^2p+m^2p^2)$ 次操作内被计算出来, 相当于 $O(n^2m^2p)$ 次操作. 利用分层模式枚举器计算空间填充字长型所需的操作次数, 与根据定义 2.2.1 计算空间填充字长型所需的操作次数 $O(nmps^{mp})$ 相比, 极大地减少了, 这也节约了大量的时间. 这是因为该算法避免了寻找具有一定权重的 u 来计算定义 2.2.1 中空间填充字长型的每个元素. 分层模式枚举器直接枚举了所有的特征值.

我们举例说明使用分层模式枚举器能够节省计算空间填充字长型的时间.

例 3.2.4 考虑来自文献 (Shi et al., 2020) 的 SOA(32,9,8,3). 由于此设计的强度为 3, 因此 $S_1 = S_2 = S_3 = 0$. 我们计算该设计的空间填充字长型, 并将结果列在了表 3.3 中. 整个计算过程在 MacBook Pro 上花费了 0.18 s. 空间填充字长型的总和为 $2^{27}/32 - 1$, 这与文献 (Tian et al., 2022) 中定理 4 给出的理论结果一致. 为了比较, R 软件包 SOAs(Groemping et al., 2022) 中的 Spattern 函数花费了 4 484 s 来计算这个设计的空间填充字长型.

表 3.3 SOA$(32,9,8,3)$ 的 $S_4, S_5, \cdots, S_{27}$

空间填充字长型	值	空间填充字长型	值
S_4	42	S_{16}	298 920
S_5	124	S_{17}	387 224
S_6	400	S_{18}	464 176
S_7	976	S_{19}	512 352
S_8	2 529	S_{20}	518 400
S_9	6 264	S_{21}	475 392
S_{10}	13 804	S_{22}	391 680
S_{11}	26 648	S_{23}	285 696
S_{12}	50 676	S_{24}	178 176
S_{13}	87 892	S_{25}	92 160
S_{14}	142 636	S_{26}	36 864
S_{15}	213 080	S_{27}	8 192

由于我们在计算中使用了复数, 所以按照算法计算得到的 $S_i(D)$ 是一个复数, 而空间填充字长型应该是一个非负的向量. 因此, 我们可以通过验证 $S_i(D)$ 的虚部为零且 $S_i(D)$ 为非负数来验证计算的正确性. 此外, 如果 D 没有重复点, 我们还应该验证 $\sum_{i=1}^{mp} S_i(D) = s^{mp}/n - 1$, 参见文献 (Tian et al., 2022) 中的定理 4.

两步算法在许多情况下速度快且效果良好, 但当 mp 很大时可能会遇到数值问题, 这是舍入误差引起的. 当一些设计具有大量因子或许多水平时, 数值问题就会出现. 为了避免这个问题, 我们提出了一种新的算法, 用于精确计算空间填充字长型的主要元素, 从而满足实际应用中的需求.

我们采用部分因析设计中使用的别名方法的思想来创建新算法. 尽管在部分因析设计中, 每个效应都与其他一些效应别名, 但如果其别名的效应可以忽略不计, 则可以准确估计该效应. 在新算法中, 我们故意将空间填充字长型不需要的元素与其他元素别名, 并谨慎地使用一些权重, 使它们变得忽略不计.

假设 K 是 mp 的因子. 令 $\omega_i = \mathrm{e}^{2\pi i \sqrt{-1}/K}$. 序列 $\omega_i, \omega_i^2, \cdots$ 是 K-周期的, 且 $\omega_i^K = 1$. 定义矩阵 Ω 和 Z 如下:

$$\Omega = \begin{pmatrix} \omega_1 & \omega_1^2 & \cdots & \omega_1^K \\ \omega_2 & \omega_2^2 & \cdots & \omega_2^K \\ \vdots & \vdots & & \vdots \\ \omega_K & \omega_K^2 & \cdots & \omega_K^K \end{pmatrix}, \quad Z = \begin{pmatrix} z & 0 & \cdots & 0 \\ 0 & z^2 & \cdots & 0 \\ \vdots & \vdots & & \vdots \\ 0 & 0 & \cdots & z^K \end{pmatrix},$$

其中 $0 < z < 1$ 是一个小的常数.

令 $y_i = z\omega_i, i = 1, \cdots, mp$, 那么 Y 可以表示为一个由不同顺序的带权重 z 的分块均值连接而成的矩阵:

$$Y = \begin{pmatrix} \Omega Z & z^K \Omega Z & z^{2K} \Omega Z & \cdots & z^{(mp/K-1)K} \Omega Z \end{pmatrix}.$$

令 $S_K^{(i)} = (S_{(i-1)K+1}(D), \cdots, S_{(i-1)K+K}(D))^{\mathrm{T}}, i = 1, \cdots, mp/K$, 则 D 的空间填充字长型为 $(S_K^1, \cdots, S_K^{\frac{mp}{K}})$.

空间填充字长型和分层模式枚举器之间的线性方程可以写为

$$E = \Omega Z(S_K^{(1)} + z^K S_K^{(2)} + \cdots + z^{(mp/K-1)K} S_K^{(mp/K)}). \tag{3.2.3}$$

因此, 空间填充字长型中元素的线性组合为

$$Z^{-1}\Omega^{-1}E = S_K^{(1)} + z^K S_K^{(2)} + \cdots + z^{(mp/K-1)K} S_K^{(mp/K)}.$$

由上述计算方法, 我们可得出如下定理.

定理 3.2.4 对于广义强正交表 D: $\mathrm{GSOA}(n, m, s^p, t)$, 空间填充字长型的前 K 个元素可以近似计算为

$$\widehat{S_i(D)} = K^{-1}z^{-i} \sum_{j=1}^{K} \omega_j^{-i}[E(D; z\omega_j) - 1], \tag{3.2.4}$$

其中 $i = 1, \cdots, K$, $0 < z < 1$, $\omega_j = \mathrm{e}^{2\pi j \sqrt{-1}/K}$, $j = 1, \cdots, K$. 准确地说,

$$\widehat{S_i(D)} = \sum_{j=0}^{mp/K-1} z^{jK} S_{jK+i}(D) = S_i(D) + O(z^K), \quad i = 1, \cdots, K.$$

定理 3.2.4 提供了一种估计空间填充字长型的前 K 个元素的计算方法. 虽然 $S_i(D)$ 受到了 $z^K S_{K+i}(D) + z^{2K} S_{2K+i}(D) + \cdots$ 的偏差的影响, 但当 z^K 足够小时, 像 $z^K S_{K+i}(D)$ 这样的小项在估计中可以忽略不计.

基于定理 3.2.4, 我们修改了之前的两步算法, 以计算空间填充字长型的前 K 个元素, 并且使其偏差可控. 新算法通过放弃其他不太重要的空间填充字长型元素来提高前几个重要的空间填充字长型元素的计算精度和鲁棒性. 当 K 不是 mp 的因子时, 该方法也适用. 当我们在空间填充字长型的最后一组元素中添加足够的零来满足矩阵乘法的规则时, 式 (3.2.3) 仍然成立.

选择 z 和 K 是很重要的. 根据文献 (Tian et al., 2022) 中的定理 4, 对于没有重复观测的设计 D, $\sum_{i=1}^{mp} S_i(D) = s^{mp}/n - 1$. 因此, 为了将 $\widehat{S_i(D)}$ 和 $S_i(D)$ 之间的差异保持在一个小数位以内, 我们可以选择合适的 z 和 K 使得 $z^K(s^{mp}/n - 1) \leqslant 0.01$. 我们建议 $z = 0.1$, K 为 $[\log(0.01) - \log(s^{mp}/n - 1)]/\log(z)$ 附近的整数. 对于我们展示的示例来说, 这种选择 z 和 K 的方法的效果很好. 注意, 与之前一样, 我们应验证 $S_i(D)$ 是不是非负数.

新算法将对 K 次而不是 mp 次的分层模式枚举器进行计算, 这会加快计算速度. 基于空间填充排序原则, 较小的子区域上的分层性质不太重要, 通常会被忽略. 新算法通常选择较小的 z, 放弃对高阶项进行精确计算.

例 3.2.5　当 $K = 4$ 时, Ω 只涉及 $\{i, -1, -i, 1\}$, 其中 $i = \sqrt{-1}$.

我们有

$$\Omega = \begin{pmatrix} i & -1 & -i & 1 \\ -1 & 1 & -1 & 1 \\ -i & -1 & i & 1 \\ 1 & 1 & 1 & 1 \end{pmatrix}, \quad \Omega^{-1} = \frac{1}{4} \begin{pmatrix} -i & -1 & i & 1 \\ -1 & 1 & -1 & 1 \\ i & -1 & -i & 1 \\ 1 & 1 & 1 & 1 \end{pmatrix}.$$

假设 $z = 0.1$. 空间填充字长型的前 4 个元素的估计为

$$\widehat{S_1(D)} = \frac{10}{4}\{-iE(D; 0.1i) - E(D; -0.1) + iE(D; -0.1i) + E(D; 0.1)\},$$

$$\widehat{S_2(D)} = \tfrac{100}{4}\{-E(D;0.1\mathrm{i}) + E(D;-0.1) - E(D;-0.1\mathrm{i}) + E(D;0.1)\},$$

$$\widehat{S_3(D)} = \tfrac{1\,000}{4}\{\mathrm{i}E(D;0.1\mathrm{i}) - E(D;-0.1) - \mathrm{i}E(D;-0.1\mathrm{i}) + E(D;0.1)\},$$

$$\widehat{S_4(D)} = \tfrac{10\,000}{4}\{E(D;0.1\mathrm{i}) + E(D;-0.1) + E(D;-0.1\mathrm{i}) + E(D;0.1)\}.$$

例 3.2.6 续例 3.2.4. 我们通过新算法 (3.2.4) 计算 SOA(32, 9, 8, 3) 的空间填充字长型的前 9 个元素, 其中, 假定 $z = 0.1$, $K = 9$. 表 3.4 给出了新算法得到的估计值, 这些估计值为

$$\widehat{S_i} = S_i + 10^{-9}S_{i+9} + 10^{-18}S_{i+18}, \quad i = 1, \cdots, 9.$$

例如, $\widehat{S_1} = S_1 + 10^{-9}S_{10} + 10^{-18}S_{19} = 0 + 10^{-9} \times 13\,804 + 10^{-18} \times 512\,352 \approx 0.000\,138$. 与表 3.3 相比, 我们将空间填充字长型的 9 个元素准确计算到了小数点后三位.

表 3.4 **SOA**$(32, 9, 8, 3)$ 的 $(S_1, S_2, \cdots, S_9)$ **估计值**

空间填充字长型	估计值
$\widehat{S_1}$	0.000 013 8
$\widehat{S_2}$	0.000 026 6
$\widehat{S_3}$	0.000 050 7
$\widehat{S_4}$	42.000 087 9
$\widehat{S_5}$	124.000 142 6
$\widehat{S_6}$	400.000 213 1
$\widehat{S_7}$	976.000 298 9
$\widehat{S_8}$	2 529.000 387 2
$\widehat{S_9}$	6 264.000 465 2

我们用一个例子说明在定理 3.2.4 的算法中, K 和 z 对空间填充字长型元素估计的影响.

例 3.2.7 续例 3.2.4, 我们计算当 $K = 4, 5, 6$ 和 $z = 0.1, 0.05, 0.01$ 时新算法对 $S_1(D)$ 和 $S_4(D)$ 的估计值, 结果如表 3.5 所示. 随着 K 的增大和 z 的减小, 估计值逐渐接近真实值. 当 $z = 0.01$ 时, $S_1(D)$ 和 $S_4(D)$ 的估计值与真实值在四位小数点上没有差异.

表 3.5　不同 K 和 z 下 **SOA**$(32,9,8,3)$ 的 $(S_1(D), S_4(D))$ 估计值

	$K=4$	$K=5$	$K=6$
$z=0.1$	(0.012 5, 42.253 4)	(0.004 0, 42.062 7)	(0.000 9, 42.013 8)
$z=0.05$	(0.000 8, 42.015 8)	(0.000 1, 42.002 0)	(0.000 0, 42.000 2)
$z=0.01$	(0.000 0, 42.000 0)	(0.000 0, 42.000 0)	(0.000 0, 42.000 0)

例 3.2.8　考虑来自文献 (Shi et al., 2020) 的 SOA$(64, 20, 8, 3)$. 基于定理 3.2.3 的原始算法因 $mp = 60$ 的舍入误差而无法产生有效结果. 基于定理 3.2.4 的新算法, 我们在一个 Macbook Pro 上花费 1.1 s 来计算空间填充字长型的前 20 个元素, 其中, 我们假设 $z = 0.1$ 且 $K = 20$. 我们计算得到的空间填充字长型的主要元素是 $(0, 0, 0, 322, 1\,149, 7\,945, 32\,021, \cdots)$. 相比之下, R 包 SOAs 中的 Spattern 函数分别需要 2.7 s 和 38.3 s 来计算前 4 个和前 5 个元素. 函数 Spattern 在尝试计算前 6 个元素时出现了错误消息 "vector memory exhausted".

3.3　分层模式枚举器的下界

在本节, 我们将为分层模式枚举器找到一个下界. 我们先介绍一些定义.

若每个水平在设计矩阵中任何列中出现的次数相等, 则称这个设计为平衡的. 设 $D = (d_{ij})$ 是一个 GSOA(n, m, s^p, t). 对于 $k = 0, \cdots, p$, 定义 $n_k(a, b)$ 为 $j = 1, \cdots, m$ 中满足 $\rho(d_{aj}, d_{bj}) = k$ 的数量.

下面的定理给出了分层模式枚举器的一个下界.

定理 3.3.1　设 $\lambda = n/s^p$, $\bar{n}_0 = (\lambda - 1)m/(n-1)$, 对于 $k = 1, \cdots, p$, $\bar{n}_k = \lambda s^{k-1}(s-1)m/(n-1)$. 对于一个平衡的广义强正交表 D: GSOA(n, m, s^p, t) 和 $y \in (0, 1)$, 分层模式枚举器 $E(D; y)$ 满足

$$E(D; y) \geqslant n^{-1} \left[R_0^m + (n-1) R_0^{\bar{n}_0} \prod_{k=1}^{p} R_k^{\bar{n}_k} \right], \tag{3.3.1}$$

其中 $R_k = R_k(y), k = 0, \cdots, p$ 已在引理 3.2.1 中被定义. 当且仅当对于任意不同的 a 和 b, $n_k(a, b) = \bar{n}_k, k = 0, \cdots, p$, 等式成立.

证明　平衡的广义强正交表 D, 每一列包含 $\mathbb{Z}_{s^p}$ 的所有元素 $\lambda = n/s^p$ 次.

我们有

$$\sum_{a=1}^{n}\sum_{b\neq a}n_0(a,b)=(\lambda-1)nm, \quad \sum_{a=1}^{n}\sum_{b\neq a}n_k(a,b)=\lambda s^{k-1}(s-1)nm.$$

通过算术和几何平均值不等式, 我们有

$$\frac{1}{n(n-1)}\sum_{a=1}^{n}\sum_{b\neq a}\prod_{k=0}^{p}R_k^{n_k(a,b)} \geqslant \left(\prod_{a=1}^{n}\prod_{b\neq a}\prod_{k=0}^{p}R_k^{n_k(a,b)}\right)^{\frac{1}{n(n-1)}}$$

$$= R_0^{\frac{(\lambda-1)m}{(n-1)}}\prod_{k=1}^{p}R_k^{\frac{\lambda s^{k-1}(s-1)m}{(n-1)}}=R_0^{\bar{n}_0}\prod_{k=1}^{p}R_k^{\bar{n}_k}.$$

因此,

$$E(D;y) = \frac{1}{n^2}\sum_{a=1}^{n}\sum_{b=1}^{n}R(d_a,d_b;y)=\frac{1}{n^2}\sum_{a=1}^{n}\sum_{b=1}^{n}\prod_{j=1}^{m}R(d_{aj},d_{bj};y)$$

$$= \frac{1}{n^2}\left[nR_0^m+\sum_{a=1}^{n}\sum_{b\neq a}\prod_{k=0}^{p}R_k^{n_k(a,b)}\right]$$

$$\geqslant \frac{1}{n}\left[R_0^m+(n-1)R_0^{\bar{n}_0}\prod_{k=1}^{p}R_k^{\bar{n}_k}\right],$$

其中, 当且仅当对于所有不同的 a, b, $n_k(a,b)=\bar{n}_k$, 等式成立. $\square$

分层模式枚举器的下界是在对于任意不同的两行都具有固定距离分布 $(n_0(a,b),\cdots,n_p(a,b))$ 的平衡设计上实现的. 如果 D 是一个拉丁超立方体, 并且其分层模式枚举器 $E(D,y)$ 达到了定理 3.3.1 中的下界, 那么 $n_0(a,b)=0$ 且 $n_k(a,b)=s^{k-1}(s-1)m/(n-1), k=1,\cdots,p$.

将引理 3.2.1 中 R_k 的公式代入式 (3.3.1), 并让 y 趋于 0, 我们可以得到以下推论.

推论 3.3.1 对于一个平衡的广义强正交表 D: GSOA(n,m,s^p,t) 以及 $y\in(0,1)$,

$$E(D;y) \geqslant 1+\frac{m(s-1)[m(s-1)-(n-1)]}{2(n-1)}y^2+\cdots, \tag{3.3.2}$$

$$S_2(D) \geqslant \frac{m(s-1)[m(s-1)-(n-1)]}{2(n-1)}. \tag{3.3.3}$$

证明　系数 y^{mp} 显而易见. 系数 y^1 是 $S_1(D) = 0$, 因为 D 是平衡的. 我们的目标是找到式 (3.3.2) 右侧第二项中 y^2 的系数. 记 $\lambda = n/s^p$. 表 3.6 列出了式 (3.3.1) 右侧括号中第二项中 $R_k, k = 0, \cdots, p$ 的 y 和 y^2 的系数.

表 3.6　推导中间量

	R_0	R_1	R_2	$\cdots$	R_{p-1}	R_p
y	$s-1$	$s-1$	$s-1$	$\cdots$	$s-1$	-1
y^2	$s(s-1)$	$s(s-1)$	$s(s-1)$	$\cdots$	$-s$	0

从表 3.6 中生成 y^2 项的方式有三种: (1) 每个 R_i 中都有一个 y^2 项; (2) 从同一个 R_i 中生成两个 y 项; (3) 从不同的 R_i 中生成两个 y 项. 方式 (1) 生成了系数为 $-ms(s-1)/[n-1]$ 的 y^2 项. 方式 (2) 和 (3) 都生成了系数为 $\frac{m^2(s-1)^2}{2(n-1)^2} - \frac{nm(s-1)}{2(n-1)} + \frac{m(s-1)^2}{2(n-1)}$ 的 y^2 项. 将这三种方式结合起来并应用式 (3.3.1) 中的标量, 我们可以得到式 (3.3.1) 右侧括号中第二项中 y^2 的系数为

$$\frac{m^2(s-1)^2 - (n-1)(s-1)[nm - (s-1)m + 2ms]}{2n(n-1)}.$$

类似地, 式 (3.3.1) 右侧括号中第一项中 y^2 的系数为

$$\frac{(n-1)(s-1)[(s-1)(m^2-m) + 2ms]}{2n(n-1)}.$$

结合这两项, 我们可以得到式 (3.3.2) 中 y^2 的系数. □

定理 3.3.1 基于空间填充排序原则为广义强正交表提供了一个最优性条件. 推论 3.3.1 为所有广义强正交表提供了一个明确的 $S_2(D)$ 的下界. 该下界与 p 无关. 超饱和设计和空间填充准则之间存在有趣的联系. 超饱和设计可以使用文献 (Xu, 2003) 中所述的广义字长型的 $A_2(D)$ 进行评估, 其中 $A_2(D)$ 是广义字长型的第二个元素, 它衡量了列之间的总别名水平. 当 $p = 1$ 时, 广义最小低阶混杂准则是基于分层的空间填充准则的特例. $S_2(D)$ 的下界与 Xu (2003) 推导出的超饱和设计的 $A_2(D)$ 的下界相同. 学者们已经对实现 $A_2(D)$ 的下界的最优超饱和设计进行了深入研究, 参见文献 (Xu et al., 2005) 及其引用的文献. 我们关注的是 $p > 1$ 的情况, 并提出了构造实现 $S_2(D)$ 和 $E(D; y)$ 下界的设计的高效的方法.

3.4　达到下界的设计矩阵的构造方法

我们通过 Hadamard 矩阵构造实现 $S_2(D)$ 和 $E(D; y)$ 下界的最优设计.

为了描述构造过程, 我们需要一些关于 Galois 域 $\mathrm{GF}(s^p)$ 的基本概念, 其中 s 是一个素数. $\mathrm{GF}(s^p)$ 中的元素可以用次数严格小于 p 的多项式表示, 多项式的系数来自 $\mathbb{Z}_s$. 所有具有 s^p 元素的 Galois 域都是同构的. 用多项式构造 Galois 域是很常见的. $\mathrm{GF}(s)$ 上的多项式对 p 次不可约多项式 $g(x)$ 取模, 在模 $g(x)$ 加法和乘法下定义 $\mathrm{GF}(s^p)$.

设 $y = \sum_{i=1}^{p} c_i x^{p-i}$ 是 $\mathrm{GF}(s^p)$ 中的一个元素, 其中 $c_i \in \mathbb{Z}_s$, x 是一个不定变量. 我们重新定义了从 $\mathrm{GF}(s^p)$ 到 $\mathbb{Z}_s$ 的映射函数 f_i: 对于 $i = 1, \cdots, p$, $f_i(y) = c_i$. 这相当于将在 $\mathbb{Z}_{s^p}$ 中对应的数字 $\sum_{i=1}^{p} c_i s^{p-i}$ 应用到了在式 (2.1.3) 中定义的映射函数 f_i. 为了方便起见, 我们将 $y = \sum_{i=1}^{p} f_i(y) x^{p-i}$ 作为数字 $\sum_{i=1}^{p} c_i s^{p-i}$ 的多项式表示.

多项式的加法和减法按照常规的多项式操作, 并且保证系数在 $\mathbb{Z}_s$ 环上. 下面的引理表明两个数字之间的 NRT 距离等于它们在 $\mathrm{GF}(s^p)$ 上的差的 NRT 权重. 为了清晰起见, 我们使用 "$\ominus$" 来表示 $\mathrm{GF}(s^p)$ 上的减法.

引理 3.4.1　对于任意 $y_1, y_2 \in \mathrm{GF}(s^p)$, y_1 和 y_2 之间的 NRT 距离与 $y_1 \ominus y_2$ 的 NRT 权重相同, 即

$$\rho(y_1, y_2) = \rho(y_1 \ominus y_2).$$

证明　对于任意的 $y_1, y_2 \in \mathrm{GF}(s^p)$, 它们的多项式表示分别为 $y_1 = \sum_{i=1}^{p} f_i(y_1) x^{p-i}$ 和 $y_2 = \sum_{i=1}^{p} f_i(y_2) x^{p-i}$. y_1 和 y_2 的减法是按照模 s 求每个系数的普通多项式减法进行的, 即

$$y_1 \ominus y_2 = \sum_{i=1}^{p} (f_i(y_1) - f_i(y_2) \bmod s) \, x^{p-i}.$$

因此, NRT 距离 $\rho(y_1, y_2)$ 与权重 $\rho(y_1 \ominus y_2)$ 具有相同的形式.　□

下面我们用一个例子说明引理 3.4.1 的内容.

例 3.4.1　设 $y_1 = 5$ 和 $y_2 = 3$ 在 $\mathrm{GF}(2^3)$ 上. 它们的多项式表示分别为 $y_1 = x^2 + 1$ 和 $y_2 = x + 1$. 我们进行减法操作, 得到 $y_1 \ominus y_2 = x^2 + x$, 它在普通

形式下为 6. NRT 距离 $\rho(5,3) = 3$, 它等于 NRT 权重 $\rho(6) = 3$.

根据引理 3.4.1, 我们可以关注设计的不同行相减后得到的权重分布, 以满足定理 3.3.1 中的最优性条件.

引理 3.4.2　$\mathrm{GF}(s^p)$ 中元素的权重分布为

$$n_k = \#\{x \in \mathrm{GF}(s^p)|\rho(x) = k\} = s^{k-1}(s-1), \quad k = 1, \cdots, p,$$

且 $n_0 = 1$.

$\mathrm{GF}(s^p)$ 中元素的权重分布显示出了与定理 3.3.1 中所述的距离分布类似的结构. 因此, 我们能够利用广义 Hadamard 矩阵构建可达到空间填充字长型枚举下界的最优设计. 广义 Hadamard 矩阵 $H = (h_{ij})$ 在加法群 G 上是一个 $n \times n$ 的方阵, 使得对于任意 $1 \leqslant i < j \leqslant n$, 集合 $\{h_{ik} \ominus h_{jk}|1 \leqslant k \leqslant n\}$ 包含 G 中的每个元素, 且每个元素的数目相同.

从引理 3.4.1 和引理 3.4.2来看, 广义 Hadamard 矩阵在 $\mathrm{GF}(s^p)$ 上的距离分布 $(n_0(a,b), \cdots, n_p(a,b))$ 接近定理 3.3.1 中的条件. 通过行和列置换, 我们可以获得第一列和行为零向量的归一化 Hadamard 矩阵. $\mathrm{GF}(s^p)$ 上的归一化广义 Hadamard 矩阵去除第一列的零后可达到定理 3.3.1 中分层模式枚举器的下界. 我们通过以下定理和示例来说明如何通过广义 Hadamard 矩阵构建最优设计.

定理 3.4.1　假设一个设计 $D = (d_{ij})$ 有 n 行 m 列, 且元素来自 $\mathrm{GF}(s^p)$. 若它是平衡的并且具有如下性质: 对于任意 $a, b \in \{1, \cdots, n\}, a \neq b$, 集合 $\{d_{aj} - d_{bj}|1 \leqslant j \leqslant m\}$ 包含 $\mathrm{GF}(s^p)$ 中的每个元素, 且每个元素的数目相同, 则 $E(D; y)$ 可达到定理 3.3.1 中的下界.

$\mathrm{GF}(s^p)$ 上的乘法是在一个 p 次不可约多项式下进行的模运算. 虽然 Galois 域 $\mathrm{GF}(s^p)$ 的加法表是唯一的, 但不可约多项式的选择并不唯一. 因此, $\mathrm{GF}(s^p)$ 有不同的乘法表.

例 3.4.2　表 3.7 和表 3.8 展示了两个基于不同不可约多项式 $x^3 + x + 1$ 和 $x^3 + x^2 + 1$ 的 $\mathrm{GF}(2^3)$ 上的乘法表. 删除第一列后, 我们可以得到两个 GSOA$(8, 7, 8, 2)$, 它们具有相同的空间填充字长型 $(S_1, S_2, \cdots) = (0, 0, 21, 70, 203, \cdots)$. 根据 $\mathrm{GF}(2^3)$ 的性质, 任意两行之间的差值都是 $\{1, 2, \cdots, 7\}$ 的排列, 因此, 对于任意不同的 a 和 b, $n_0(a,b) = 0$, $n_1(a,b) = 1$, $n_2(a,b) = 2$, $n_3(a,b) = 4$. 因此, 定理 3.3.1

中的条件成立, 两个设计都达到了分层模式枚举器的下界.

表 3.7 $\mathbf{GF}(2^3)$ 上基于 $x^3 + x + 1$ 的乘法表

0	0	0	0	0	0	0	0
0	1	2	3	4	5	6	7
0	2	4	6	3	1	7	5
0	3	6	5	7	4	1	2
0	4	3	7	6	2	5	1
0	5	1	4	2	7	3	6
0	6	7	1	5	3	2	4
0	7	5	2	1	6	4	3

表 3.8 $\mathbf{GF}(2^3)$ 上基于 $x^3 + x^2 + 1$ 的乘法表

0	0	0	0	0	0	0	0
0	1	2	3	4	5	6	7
0	2	4	6	5	7	1	3
0	3	6	5	1	2	7	4
0	4	5	1	7	3	2	6
0	5	7	2	3	6	4	1
0	6	1	7	2	4	3	5
0	7	3	4	6	1	5	2

定理 3.4.2   设 M 是 $\mathrm{GF}(s^p)$ 上的乘法表, 则 M 是归一化 Hadamard 矩阵. 删除 M 的第一列所得到的设计达到了定理 3.3.1 中分层模式枚举器的下界.

证明   将 $\mathrm{GF}(s^p)$ 中的元素表示为 $\{\alpha_0, \cdots, \alpha_{s^p-1}\}$. 如果 M 是 $\mathrm{GF}(s^p)$ 上的乘法表, 那么 M 中任意两行的减法操作为

$$(\beta\alpha_0, \cdots, \beta\alpha_{s^p-1}) \ominus (\gamma\alpha_0, \cdots, \gamma\alpha_{s^p-1}) = ((\beta\ominus\gamma)\alpha_0, \cdots, (\beta\ominus\gamma)\alpha_{s^p-1}),$$

其中 $\beta, \gamma \in \mathrm{GF}(s^p), \beta \neq \gamma$. 元素 $(\beta\ominus\gamma)\alpha_i, i = 0, \cdots, s^p-1$ 恰好包含 $\mathrm{GF}(s^p)$ 中的每个元素一次. 容易验证, 对于任意一对不同的行, $n_0(a, b) = 1, n_k(a, b) = s^{k-1}(s-1), k = 1, \cdots, p$. 因此, 定理 3.3.1 中的条件成立.   □

此外, 我们还可以通过塌缩乘法表的水平来构建水平更少的最优设计.

定理 3.4.3 对于 $q < p$, 在多项式表示中通过将 $y = \sum_{i=1}^{p} f_i(y)x^{p-i}$ 转换为 $y' = \sum_{i=1}^{q} f_i(y)x^{q-i}$, 可以使 $\mathrm{GF}(s^p)$ 上的乘法表塌缩成 s^q 水平. 删除塌缩表的第一列将得到一个最优设计, 该设计达到了定理 3.3.1 中分层模式枚举器的下界.

证明 让 $g(\cdot)$ 成为从 $\mathrm{GF}(s^p)$ 到 $\mathrm{GF}(s^q)$ 的塌缩函数. 使用多项式表示, 对于 $y_1 = \sum_{i=1}^{p} f_i(y_1)x^{p-i}$ 和 $y_2 = \sum_{i=1}^{p} f_i(y_2)x^{p-i}$, 我们有 $g(y_1) = \sum_{i=1}^{q} f_i(y_1)x^{q-i}$ 和 $g(y_2) = \sum_{i=1}^{q} f_i(y_2)x^{q-i}$. 显然有

$$g(y_1) \ominus g(y_2) = g(y_1 \ominus y_2).$$

塌缩后, M 的任意两行的减法操作为

$$(g(\beta\alpha_0), \cdots, g(\beta\alpha_{s^p-1})) \ominus (g(\gamma\alpha_0), \cdots, g(\gamma\alpha_{s^p-1}))$$

$$= (g(\beta\alpha_0) \ominus g(\gamma\alpha_0), \cdots, g(\beta\alpha_{s^p-1}) \ominus g(\gamma\alpha_{s^p-1}))$$

$$= (g(\beta\alpha_0 \ominus \gamma\alpha_0), \cdots, g(\beta\alpha_{s^p-1} \ominus \gamma\alpha_{s^p-1}))$$

$$= (g((\beta \ominus \gamma)\alpha_0), \cdots, g((\beta \ominus \gamma)\alpha_{s^p-1})).$$

$g((\beta \ominus \gamma)\alpha_i), i = 0, \cdots, s^p - 1, \beta \neq \gamma$ 恰好包含 $\mathrm{GF}(s^q)$ 中的每个元素 s^{p-q} 次. 因此, 对于任意一对不同的行, $n_0(a,b) = s^{p-q}$, $n_k(a,b) = s^{p-q}s^{k-1}(s-1)$, $k = 1, \cdots, q$. 于是, 定理 3.3.1 中的条件成立. □

使用塌缩乘法表构造的设计不再是拉丁超立方体设计. 定理 3.4.3 为构造各种水平数的设计提供了方法, 并扩展了构造设计的应用范围.

例3.4.3 表 3.9 和表 3.10 分别为基于不可约多项式 x^4+x+1 的 $\mathrm{GF}(2^4)$ 上的乘法表及其在$\mathrm{GF}(2^3)$上的塌缩表. 删除第一列后, 可分别得到 GSOA$(16,15,16,2)$ 和 GSOA$(16,15,8,2)$. 这两种设计都达到了分层模式枚举器的下界, 并且它们的空间填充字长型分别为 $(0,0,65,360,1\,803,\cdots)$ 和 $(0,0,65,360,1\,683,\cdots)$.

表 3.9　GF(2^4) 上的乘法表

0	0	0	0	0	0	0	0	0	0	0	0	0	0	0	0
0	1	2	3	4	5	6	7	8	9	10	11	12	13	14	15
0	2	4	6	8	10	12	14	3	1	7	5	11	9	15	13
0	3	6	5	12	15	10	9	11	8	13	14	7	4	1	2
0	4	8	12	3	7	11	15	6	2	14	10	5	1	13	9
0	5	10	15	7	2	13	8	14	11	4	1	9	12	3	6
0	6	12	10	11	13	7	1	5	3	9	15	14	8	2	4
0	7	14	9	15	8	1	6	13	10	3	4	2	5	12	11
0	8	3	11	6	14	5	13	12	4	15	7	10	2	9	1
0	9	1	8	2	11	3	10	4	13	5	12	6	15	7	14
0	10	7	13	14	4	9	3	15	5	8	2	1	11	6	12
0	11	5	14	10	1	15	4	7	12	2	9	13	6	8	3
0	12	11	7	5	9	14	2	10	6	1	13	15	3	4	8
0	13	9	4	1	12	8	5	2	15	11	6	3	14	10	7
0	14	15	1	13	3	2	12	9	7	6	8	4	10	11	5
0	15	13	2	9	6	4	11	1	14	12	3	8	7	5	10

表 3.10　GF(2^4) 上的乘法表塌缩到 GF(2^3) 上

0	0	0	0	0	0	0	0	0	0	0	0	0	0	0	0
0	0	1	1	2	2	3	3	4	4	5	5	6	6	7	7
0	1	2	3	4	5	6	7	1	0	3	2	5	4	7	6
0	1	3	2	6	7	5	4	5	4	6	7	3	2	0	1
0	2	4	6	1	3	5	7	3	1	7	5	2	0	6	4
0	2	5	7	3	1	6	4	7	5	2	0	4	6	1	3
0	3	6	5	5	6	3	0	2	1	4	7	7	4	1	2
0	3	7	4	7	4	0	3	6	5	1	2	1	2	6	5
0	4	1	5	3	7	2	6	6	2	7	3	5	1	4	0
0	4	0	4	1	5	1	5	2	6	2	6	3	7	3	7
0	5	3	6	7	2	4	1	7	2	4	1	0	5	3	6
0	5	2	7	5	0	7	2	3	6	1	4	6	3	4	1
0	6	5	3	2	4	7	1	5	3	0	6	7	1	2	4
0	6	4	2	0	6	4	2	1	7	5	3	1	7	5	3
0	7	7	0	6	1	1	6	4	3	3	4	2	5	5	2
0	7	6	1	4	3	2	5	0	7	6	1	4	3	2	5

以上空间填充字长型的计算基于 $s = 2$. 当我们假设 $s = 4$ 且 $p = 2$ 时，我们也可以将 GSOA(16, 15, 16, 2) 视为 GSOA(16, 15, 4^2, 1). 该矩阵依然实现了分层

模式枚举器和 $S_2(D) = 45$ 的下界. 当我们假设 $s = 8$ 且 $p = 1$ 时, 我们还可以将 GSOA$(16, 15, 8, 2)$ 视为 GSOA$(16, 15, 8^1, 1)$. 该矩阵依然实现了分层模式枚举器和 $S_2(D) = 315$ 的下界.

定理 3.4.2 和定理 3.4.3 提供了构造达到分层模式枚举器的下界的最优设计的方法. 所构造的设计在因子数等于行数减 1 的意义上是饱和的. 由推论 3.3.1, 当 $m = n - 1$ 且 $s = 2$ 时, $S_2(D) = 0$ 使得最终设计为 GSOA$(2^p, 2^p - 1, 2^p, 2)$. 当 $m = n - 1$ 且 $s > 2$ 时, $S_2(D) = m(s-1)(s-2)/2 > 0$, 因此得到的设计的强度为 1. 众所周知, GF(s^p) 对于任何质数 s 和任何正整数 p 都存在. 因此, 我们有以下推论.

推论 3.4.1　对于任意质数 s 和任意正整数 $q < p$, 存在一个 GSOA$(s^p, s^p - 1, s^q, t)$, 其达到了定理 3.3.1 中分层模式枚举器的下界. 其中: 当 $s = 2$ 时, $t = 2$; 当 $s > 2$ 时, $t = 1$.

如例 3.4.2 所示, 达到分层模式枚举器的下界的设计并不是唯一的, 它们在其他标准下可能具有不同的统计性质. 事实上, 我们可以通过适当的水平置换构造许多达到分层模式枚举器下界的设计. 为此, Chen et al.(2022) 引入了被允许水平置换的概念. 被允许水平置换可以保持设计的分层结构及其空间填充字长型. 然而, 由于存在太多的被允许水平置换, 要在数值上或理论上找到最佳的被允许水平置换并不容易.

在这里, 我们提出了使用一种特殊类型的被允许水平置换的简单的构造方法. 基于引理 3.4.1, 对于 GF(s^p) 上的任何设计, 增加常数 k 不会改变任何一对设计行的 NRT 距离分布. 因此, GF(s^p) 上的任何线性水平置换都是被允许水平置换, 得到的设计都具有相同的空间填充字长型, 但这些设计在其他标准下可能具有不同的性质. 对于这些设计, 我们可以使用一个第二准则来进行进一步排名和选择.

根据以上内容, 我们提出以下简单的设计构造方法.

步骤 1: 设 $D_0 = (d_{ij})$ 具有 s^p 个水平, 这是通过定理 3.4.2 或定理 3.4.3 中的乘法表获得的设计.

步骤 2: 对于 $k = 0, 1, \cdots, s^p - 1$, 令 $D_k = D_0 \oplus k = (d_{ij} \oplus k)$, 其中加法是在 GF$(s^p)$ 上进行的.

步骤 3: 根据最大最小距离准则之类的标准选择最佳设计 D_k.

Zhou et al. (2015) 在研究好格子点设计的空间填充性质时使用了类似的方法. 不同之处在于, 文献 (Zhou et al., 2015) 中的加法和线性置换是在有限环上进行的, 而这里的加法是在 Galois 域上进行的. 有限环上的线性置换不是被允许水平置换. 而在 Galois 域上, 线性置换的优势在于保持设计分层结构.

例 3.4.4 设 D_0 是表 3.9 给出的 GSOA$(16, 15, 16, 2)$. 使用上述构造方法, 我们根据最大最小距离准则得到了一个新的设计 D_3, 即 GSOA$(16, 15, 16, 2)$, 如表 3.11 所示. D_0 与 D_3 具有相同的空间填充字长型, 但它们具有不同的统计性质. 具体而言, 原始设计 D_0 的最小 L_1 距离为 58, 而新设计 D_3 的最小 L_1 距离为 78. 原始设计 D_0 的最小 L_2 距离为 17.2, 而新设计 D_3 的最小 L_2 距离为 23.5.

表 3.11   基于 GF(2^4) 构造的 GSOA$(16, 15, 16, 2)$

3	3	3	3	3	3	3	3	3	3	3	3	3	3	3
2	1	0	7	6	5	4	11	10	9	8	15	14	13	12
1	7	5	11	9	15	13	0	2	4	6	8	10	12	14
0	5	6	15	12	9	10	8	11	14	13	4	7	2	1
7	11	15	0	4	8	12	5	1	13	9	6	2	14	10
6	9	12	4	1	14	11	13	8	7	2	10	15	0	5
5	15	9	8	14	4	2	6	0	10	12	13	11	1	7
4	13	10	12	11	2	5	14	9	0	7	1	6	15	8
11	0	8	5	13	6	14	15	7	12	4	9	1	10	2
10	2	11	1	8	0	9	7	14	6	15	5	12	4	13
9	4	14	13	7	10	0	12	6	11	1	2	8	5	15
8	6	13	9	2	12	7	4	15	1	10	14	5	11	0
15	8	4	6	10	13	1	9	5	2	14	12	0	7	11
14	10	7	2	15	11	6	1	12	8	5	0	13	9	4
13	12	2	14	0	1	15	10	4	5	11	7	9	8	6
12	14	1	10	5	7	8	2	13	15	0	11	4	6	9

Tang (1993) 提出了一种通过水平扩展构造基于正交表的拉丁超立方体 (OAL-HDs) 的方法. 文献 (Chen et al., 2022) 表明, 基于正交表的拉丁超立方体比一般的拉丁超立方体更具空间填充性. 基于一个普通 OA$(n, m, s, 2)$, 可以构造许多具有 n 行 m 列的基于正交表的拉丁超立方体, 这些设计是广义强正交表 GSOA$(n, m, n, 2)$.

然而, 此类设计通常无法达到分层模式枚举器的下界, 即使它们能够达到 $S_2(D)$ 的下界. 相比之下, 在定理 3.4.2 和定理 3.4.3 中构造的设计达到了分层模式枚举器的下界, 因此它们具有更好的分层性质和空间填充性质. 此外, 它们在其他标准下也往往表现良好.

例 3.4.5 我们基于普通 $OA(16, 15, 2, 2)$ 通过水平扩展随机生成了 10 000 个基于正交表的拉丁超立方体. 这些设计都具有相同的 S_1, S_2 和 S_3($S_1 = S_2 = 0$, $S_3 = 65$), 但具有不同的 S_4. 我们比较了它们的 S_4 值, 以及它们的 L_1 距离和 L_2 距离 (见表 3.12), 并与表 3.9 和表 3.11 中给出的两个设计 (分别表示为 D_0 和 D_3) 进行了比较. 这些基于正交表的拉丁超立方体具有较大的 S_4 值, 因此它们在 2×8、8×2 和 4×4 网格上的分层性质不如 D_0 和 D_3. 另外, 它们的 L_1 距离和 L_2 距离也小于 D_3. 这进一步证实了 D_0 和 D_3 比基于正交表的拉丁超立方体更具空间填充性.

表 3.12　基于正交表的拉丁超立方体与 D_0 和 D_3 的性质比较

准则	D_0	D_3	基于正交表的拉丁超立方体		
			最小值	中位数	最大值
S_4	360	360	367.6	372.8	379.8
L_1 距离	58	78	40	60	70
L_2 距离	17.2	23.5	12.6	18.3	21.6

例 3.4.6 我们随机生成四种类型的 16×15 的设计: 均匀设计 (UD)、拉丁超立方体设计 (LHS)、最大最小距离拉丁超立方体设计 (mLHS) 和最大投影拉丁超立方体设计 (mpLHS), 可使用 R 包 UniDOE、lhs 和 MaxPro 生成. 为消除随机性, 每种类型的设计都会被生成 100 次. 我们通过从表 3.9 中删除第一列来获得设计 OP. 如果将 $x \in GF(2^4)$ 加到 OP 所有的元素中, 得到的设计仍然是最优的. 因此, 我们通过将每个 $x \in GF(2^4)$ 加到 OP 中来生成 16 个 OP 设计. 对于上述五种设计, 计算中心化 L_2 偏差 (CD)、环绕型 L_2 偏差 (WD)、混合型 L_2 偏差 (MD) 和分层 L_2 偏差 (SD2), 结果如图 3.2 所示. 我们的设计在分层 L_2 偏差下是最好的, 并且在其他偏差下具有较强的竞争力. 表 3.13 显示了五种设计可以达到的最佳偏差, 以及使用英特尔酷睿 i5 笔记本电脑在 R 中生成一个设计的时间. 均匀设计具有最小的中心化 L_2 偏差和混合型 L_2 偏差, 而我们的设计具有最小的环

绕型 L_2 偏差和分层 L_2 偏差. 均匀设计的构造需要花费大量的时间. 相反, 我们在构建 OP 设计时几乎不需要花费计算时间, 当设计区域的尺寸变大时, 均匀设计会受到维数灾难的影响, 而我们的设计却不会受到维数灾难的影响. 当设计区域的尺寸变大时, 搜索算法需要更多的时间来搜索好的设计. 例如, 搜索 64×63 的均匀设计需要 2 min.

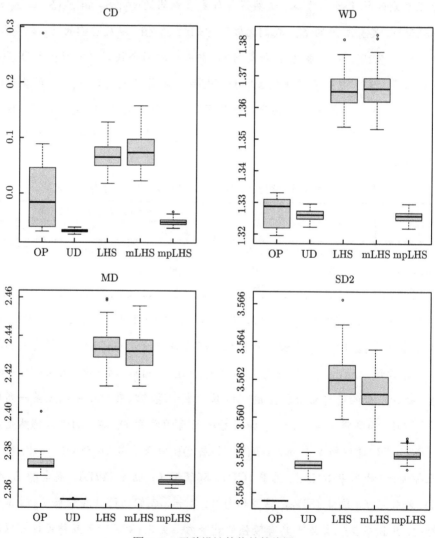

图 3.2　五种设计的偏差箱线图

表 3.13　五种设计的最佳偏差值和计算时间

设计	CD	WD	MD	SD2	时间/s
OP	0.933 7	**3.741 8**	10.667 4	**35.008 1**	0
UD	**0.928 7**	3.751 8	**10.536 2**	35.047 3	19
LHS	1.018 3	3.872 6	11.178 5	35.159 7	0
mLHS	1.023 4	3.869 9	11.178 5	35.118 4	0
mpLHS	0.939 6	3.750 3	10.601 1	35.066 4	1

我们进一步比较了表 3.11 中的设计与另外三种空间填充设计: 均匀 (Uniform) 拉丁超立方体、最大最小 (Maximin) 距离拉丁超立方体和最大投影 (MaxPro) 拉丁超立方体. 这三种设计是使用 R 包 UniDOE、SLHD 和 MaxPro 生成的. 为了公平地比较这四种设计, 我们使用四种不同的度量来说明这些设计的空间填充性质. 这四种度量都在一定程度上体现了将这些设计投影到不同维度时的空间填充性质.

令 $D = (d_{ij})$ 为一个 $n \times m$ 的设计, 具有 s 个水平. 我们具体介绍下面四种度量.

(1) 欧氏距离 (越大越好)

欧氏距离为

$$\min_{1 \leqslant a < b \leqslant n} \left[\sum_{j=1}^{m} (d_{aj} - d_{bj})^2 \right]^{1/2}.$$

(2) 文献 (Joseph et al., 2015) 中定义的 $\psi(D)$ (越小越好) 准则

$\psi(D)$ 的计算公式为

$$\psi(D) = \left\{ \frac{1}{\binom{n}{2}} \sum_{a=1}^{n-1} \sum_{b=a+1}^{n} \frac{1}{\prod_{j=1}^{m} (d_{aj} - d_{bj})^2} \right\}^{1/m}.$$

(3) 相对中心化 L_2 偏差 (越小越好)

中心化 L_2 偏差为

$$\mathrm{CD}(D) = \left(\frac{13}{12} \right)^m - \frac{2}{n} \sum_{a=1}^{n} \prod_{j=1}^{m} \left(1 + \frac{1}{2}|x_{aj} - 0.5| - \frac{1}{2}|x_{aj} - 0.5|^2 \right) +$$

$$\frac{1}{n^2} \sum_{a=1}^{n} \sum_{b=1}^{n} \prod_{j=1}^{m} \left(1 + \frac{1}{2}|x_{aj} - 0.5| + \frac{1}{2}|x_{bj} - 0.5| - \frac{1}{2}|x_{aj} - x_{bj}| \right),$$

其中 $x_{aj} = (2d_{aj} + 1)/(2s)$. 相对中心化 L_2 偏差表示相应设计和我们设计之间中心化 L_2 偏差值的差异.

(4) 平均绝对相关系数 ρ_{ave} (越小越好)

平均绝对相关系数为

$$\rho_{\text{ave}} = (m(m-1))^{-1} \sum_{j \neq k} |\rho_{jk}|,$$

其中 ρ_{jk} 是 D 的第 j 列和第 k 列之间的相关系数.

为了揭示设计在投影到较低维度空间时的空间填充性质, 我们评估所有 $\binom{15}{k}$, $3 \leqslant k \leqslant 15$ 的投影设计, 并给出最差的结果. 图 3.3 为四种设计在不同度量下的比较结果. 如预期的那样, 当 $k = 15$ 时, 每个设计在其对应的准则下表现最佳. 当 k 为 3~6 和 3~8 时, 我们的设计分别在欧氏距离和 $\psi(D)$ 准则下表现最佳. 当 k 为 3~11 时, 我们的设计在相对中心化 L_2 偏差方面表现较好. 对于平均绝对相关系数 ρ_{ave}, 我们的设计在 $k > 9$ 时表现良好. 总体来说, 我们的设计在低维投影中表现出了良好的空间填充性质, 并在不同的准则下表现得都很稳健.

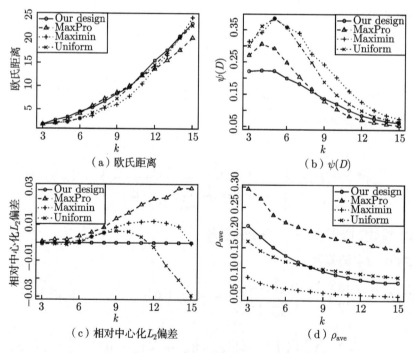

（a）欧氏距离　　　　　　　　　（b）$\psi(D)$

（c）相对中心化L_2偏差　　　　　（d）ρ_{ave}

图 3.3　四种设计在不同度量下的比较结果

本 章 小 结

本章提出了分层模式枚举器, 以增强基于分层的空间填充准则的实用性. 分层模式枚举器遵循空间填充排序原则, 是空间填充字长型的替代度量. 相比空间填充字长型, 分层模式枚举器在计算方面具有巨大的优势. 计算空间填充字长型的复杂度为 $O(nmps^{mp})$, 它随着列数的增加呈指数级增长. 借助于分层模式枚举器, 我们开发了两种快速算法来计算空间填充字长型, 复杂度为 $O(n^2m^2p)$, 当 m 适中或较大时, 所需时间大大减少. 因此, 使用这两种算法可以快速获取设计的分层性质.

此外, 我们还推导出了分层模式枚举器的下界. 这个下界对于评估饱和或超饱和设计非常有用, 而饱和或超饱和设计对于使用少量行来筛选大量因素非常有效. 我们提出了使用 Galois 域上的乘法表构建可达到分层模式枚举器下界的设计的方法. 除了基本构造外, 我们还使用一种特殊类型的被允许水平置换来构建具有更优统计性质的设计, 这种设计能够更好地适用于其他空间填充准则. 我们提出的构造过程易于理解, 并且需要的计算步骤很少. 我们将构造的设计与其他类型的空间填充设计进行了比较. 结果表明, 我们的设计在低维投影下表现良好, 并且在各种准则下表现得都很稳健.

本章引出了三个新的研究方向. 第一, 研究更多基于分层的空间填充设计的构造方法. 当前的方法仅适用于 s 是素数的情况, 并且在行数大小和因子数量上不够灵活. 第二, 本章构造的广义强正交表的强度为 1 或 2, 我们希望对现有方法进行改进, 使其能构造强度更高的设计, 如强度为 2+ 或 3. 第三, Galois 域在构造空间填充设计方面具有一定的潜力, 而本章未深入研究其与分层之间的内在联系, 因此这也是一个新的研究方向.

第 4 章 总　　结

计算机模型主要用于模拟复杂、难以求解的计算机代码. 计算机试验旨在根据计算机模型的数据有效地构建统计替代模型. 空间填充设计广泛应用于计算机试验. 作者受到强正交表的分层正交性的启发, 专注于创建标准来充分刻画设计矩阵基于分层的空间填充性质.

本书第 1 章详细地介绍了计算机试验、空间填充设计和和强正交表. 本书第 2 章提出了基于分层的空间填充准则, 该准则可作为对具有分层性质的空间填充设计 (包括各种类型的强正交表和拉丁超立方体设计) 进行分类和排序的系统方法. 我们提出空间填充排序原则作为该空间填充准则的基本假设. 空间填充排序原则的思想扩展了强正交表的强度的概念, 使得其他设计的分层性质也可以被度量. 空间填充字长型与最小低阶混杂模型的字长型相似, 它揭示了设计基于网格体积的各种分层属性. 我们优先选择依次最小化空间填充字长型元素的设计. 在基于分层的空间填充准则标准下, 强度最大的强正交表是最优设计. 空间填充字长型的值可以进一步对具有相同强度的强正交表进行排序.

基于分层的空间填充准则的缺点之一是它有非常高的计算复杂度. 在本书第 3 章, 我们提出使用分层模式枚举器来解决计算复杂度高的问题. 分层模式枚举器可以与空间填充准则等价地评价设计, 并且计算速度极快. 基于分层模式枚举器, 我们构造了两种计算空间填充字长型的算法. 第一种算法可以计算空间填充字长型的全部元素, 但当设计因子数过多时会出现数值计算精度不足的问题. 第二种算法可以估计空间填充字长型的前几个重要元素, 但要以无法计算其他元素为代价. 这种算法不仅可以非常精确地估计空间填充字长型, 还可以避免数值计算的问题. 另外, 我们还推导出了分层模式枚举器的一个下界, 并且找到了构造达到下界的设计的方法. 构造过程需要使用 Galois 域上的乘法表和水平置换. 达到下界的设计具有优越的空间填充性质, 尤其是在低维空间上. 进一步, 我们举例说明了我们构造的矩阵在其他空间填充准则上表现得很稳健.

本书也提到了未来的研究方向, 包括如何评价非固定水平矩阵的分层性质、如何构造更好的具有分层性质的设计等. 强正交表的分层正交性及其评价准则的研究目前较为活跃, 期待未来能出现更多相关的研究成果.

参 考 文 献

AN J, OWEN A, 2001. Quasi-regression[J]. Journal of complexity, 17(4): 588-607.

BA S, MYERS W R, BRENNEMAN W A, 2015. Optimal sliced Latin hypercube designs[J]. Technometrics, 57(4): 479-487.

BIERBRAUER J, EDEL Y, SCHMIDWC, 2002. Coding-theoretic constructions for (t, m, s)-nets and ordered orthogonal arrays[J]. Journal of Combinatorial Designs, 10(6): 403-418.

CHEN G, TANG B, 2022. A study of orthogonal array-based designs under a broad class of space-filling criteria[J]. Annals of Statistics, 50(5): 2925-2949.

CHEN H, LOEPPKY J L, SACKS J, et al., 2016. Analysis methods for computer experiments: how to assess and what counts?[J]. Statistical Science, 31(1): 40-60.

CHENG C S, 2014. Theory of Factorial Design: Single and multi-stratum experiments[M]. Boca Raton: CRC Press.

COOPER L Y, STROUP D W, 1985. ASET-A computer program for calculating available safe egress time[J]. Fire Safety Journal, 9(1): 29-45.

DEAN A, MORRIS M, STUFKEN J, et al., 2015. Handbook of design and analysis of experiments[M]. Boca Raton: CRC Press.

FANG K, LI R, SUDJIANTO A, 2006. Design and modeling for computer experiments[M]. Chapman and Hall: CRC.

FANG K, LIN D K J, WINKER P, et al., 2000. Uniform design: theory and application[J]. Technometrics, 42(3): 237-248.

FANG K, LIU M, QIN H, et al., 2018. Theory and application of uniform experimental designs [M]. Singapore: Springer.

FRIES A, HUNTER W G, 1980. Minimum aberration 2^{k-p} designs[J]. Technometrics, 22(4): 601-608.

GROEMPING U, 2022. Implementation of the stratification pattern by Tian and Xu via power coding[J]. Reports in Mathematics, Physics and Chemistry, Berliner Hochschule für Technik, Report 2022/03.

GROEMPING U, CARNELL R C, 2022. SOAs: Creation of stratum orthogonal arrays. R package version 1.3[EB/OL]. https://CRAN.R-project.org/package=SOAs.

HE X, 2020. Lattice-based designs with quasi-optimal separation distance on all projections[J]. Biometrika, 108(2): 443-454.

HE Y, CHENG C S, TANG B, 2018. Strong orthogonal arrays of strength two plus[J]. Annals of Statistics, 46(2): 457-468.

HE Y, TANG B, 2013. Strong orthogonal arrays and associated Latin hypercubes for computer experiments[J]. Biometrika, 100(1): 254-260.

HE Y, TANG B, 2014. A characterization of strong orthogonal arrays of strength three[J]. Annals of Statistics, 42(4): 1347-1360.

HICKERNELL F, 1998. A generalized discrepancy and quadrature error bound[J]. Mathematics of computation, 67(221): 299-322.

HO W M, 2001. Case studies in computer experiments, applications of uniform design and modern modeling techniques [D]. Hong Kong: Hong Kong Baptist University.

JIANG B, WANG Z, WANG Y, 2021. Strong orthogonal arrays of strength two-plus based on the Addelman – Kempthorne method[J]. Statistics & Probability Letters, 175: 109114.

JOHNSON M E, MOORE L M, YLVISAKER D, 1990. Minimax and maximin distance designs [J]. Journal of Statistical Planning and Inference, 26(2): 131-148.

JOSEPH V R, GUL E, BA S, 2015. Maximum projection designs for computer experiments[J]. Biometrika, 102(2): 371-380.

LI W, LIU M, TANG B, 2021a. A method of constructing maximin distance designs[J]. Biometrika, 108(4): 845-855.

LI W, LIU M, YANG J, 2021b. Column-orthogonal nearly strong orthogonal arrays[J]. Journal of Statistical Planning and Inference, 215: 184-192.

LIM Y B, SACKS J, STUDDEN W, et al., 2002. Design and analysis of computer experiments when the output is highly correlated over the input space[J]. Canadian Journal of Statistics, 30(1): 109-126.

LIU H, LIU M, 2015. Column-orthogonal strong orthogonal arrays and sliced orthogonal arrays[J]. Statistica Sinica, 25: 1713-1734.

MCKAY M D, BECKMAN R J, CONOVER W J, 1979. Comparison of three methods for selecting values of input variables in the analysis of output from a computer code[J]. Technometrics, 21(2): 239-245.

MONTGOMERY D C, 2017. Design and analysis of experiments[M]. Hoboken, NJ, USA: John Wiley & Sons.

MUKERJEE R, WU C F J, 2006. A modern theory of factorial design[M]. New York: Springer.

OWEN A B, 1992. Orthogonal arrays for computer experiments, integration and visualization[J]. Statistica Sinica, 2: 439-452.

SACKS J, WELCH W J, MITCHELL T J, et al., 1989. Design and analysis of computer experiments[J]. Statistical Science, 4: 409-423.

SANTNER T J, WILLIAMS B J, NOTZ W, 2003. The design and analysis of computer experiments[M]. New York: Springer.

SHI C, TANG B, 2019. Design selection for strong orthogonal arrays[J]. Canadian Journal of Statistics, 47(2): 302-314.

SHI C, TANG B, 2020. Construction results for strong orthogonal arrays of strength three[J]. Bernoulli, 26(1): 418-431.

STEIN M L, 1999. Interpolation of spatial data: some theory for kriging[M]. New York: Springer Science & Business Media.

SUN C, TANG B, 2023. Uniform projection designs and strong orthogonal arrays[J]. Journal of the American Statistical Association, 118(541): 417-423.

SUN F, WANG Y, XU H, 2019. Uniform projection designs[J]. Annals of Statistics, 47(1): 641- 661.

TANG B, 1993. Orthogonal array-based Latin hypercubes[J]. Journal of the American Statistical Association, 88(424): 1392-1397.

TANG B, 2001. Theory of J-characteristics for fractional factorial designs and projection justification of minimum G_2-aberration[J]. Biometrika, 88(2): 401-407.

TANG B, DENG L Y, 1999. Minimum G_2-aberration for nonregular fractional factorial designs [J]. Annals of Statistics, 27: 1914-1926.

TANG Y, XU H, 2021. Wordlength enumerator for fractional factorial designs[J]. Annals of Statistics, 49(1): 255-271.

TANG Y, XU H, LIN D K J, 2012. Uniform fractional factorial designs[J]. Annals of Statistics, 40(2): 891-907.

TIAN Y, XU H, 2022. A minimum aberration-type criterion for selecting space-filling designs[J]. Biometrika, 109(2): 489-501.

WALTON W D, 1985. ASET-B: A room fire program for personal computers[J]. Fire Technology, 21: 293-309.

WANG L, XIAO Q, XU H, 2018. Optimal maximin L_1-distance Latin hypercube designs based on good lattice point designs[J]. Annals of Statistics, 46(6B): 3741-3766.

WELCH W J, BUCK R J, SACKS J, et al., 1992. Screening, predicting, and computer experiments [J]. Technometrics, 34(1): 15-25.

WU C F J, HAMADA M S, 2009. Experiments: planning, analysis, and optimization[M]. 2nd ed. Hoboken, NJ, USA: John Wiley & Sons.

XIAO Q, XU H, 2017. Construction of maximin distance Latin squares and related Latin hyper cube designs[J]. Biometrika, 104(2): 455-464.

XIAO Q, XU H, 2018. Construction of maximin distance designs via level permutation and expansion[J]. Statistica Sinica, 28(3): 1395-1414.

XU H, 2003. Minimum moment aberration for nonregular designs and supersaturated designs[J]. Statistica Sinica, 13(3): 691-708.

XU H, WU C F J, 2005. Construction of optimal multi-level supersaturated designs[J]. Annals of Statistics, 33(6): 2811-2836.

XU H, WU C F J, 2001. Generalized minimum aberration for asymmetrical fractional factorial designs[J]. Annals of Statistics, 29(4): 1066-1077.

ZHOU Y, TANG B, 2019. Column-orthogonal strong orthogonal arrays of strength two plus and three minus[J]. Biometrika, 106(4): 997-1004.

ZHOU Y, XU H, 2014. Space-filling fractional factorial designs[J]. Journal of the American Statistical Association, 109(507): 1134-1144.

ZHOU Y, XU H, 2015. Space-filling properties of good lattice point sets[J]. Biometrika, 102(4): 959-966.

附录　表　格

在本补充材料中, 我们提供了 SOA(32,7,8,3)、SOA(32,8,8,3) 和 SOA(32,9, 8,3) 的 $m(m=2,\cdots,9)$ 列子列的所有可能的空间填充字长型.

表 1　**SOA**$(32,7,8,3)$ 的 m 列子列的空间填充字长型

m	S_4, S_5, S_6, S_7	代表列	强度
2	0, 0, 1	1, 4	4
	0, 2, 1	1, 2	4
3	0, 1, 7, 3	1, 4, 7	4
	0, 3, 5, 3	1, 2, 4	4
	0, 5, 3, 3	1, 2, 3	4
	0, 6, 3, 2	1, 2, 7	4
4	0, 9, 19, 11	1, 2, 4, 7	4
	0, 11, 15, 13	1, 2, 3, 6	4
	0, 13, 11, 15	1, 2, 3, 5	4
	1, 8, 14, 16	1, 2, 3, 4	3
5	1, 22, 40, 40	1, 2, 3, 4, 6	3
	1, 24, 34, 46	1, 2, 3, 4, 5	3
6	3, 42, 83, 104	1, 2, 3, 4, 5, 6	3
7	7, 70, 161, 224	1, 2, 3, 4, 5, 6, 7	3

表 2　**SOA**$(32,8,8,3)$ 的 m 列子列的空间填充字长型

m	S_4, S_5, S_6, S_7	代表列	强度
2	0, 0, 1	1, 4	5
	0, 2, 1	1, 2	4
	2, 0, 1	1, 8	4
3	0, 1, 7, 3	1, 4, 6	4
	0, 3, 5, 3	1, 2, 5	4
	0, 5, 3, 3	1, 2, 3	4
	2, 2, 5, 2	1, 4, 5	3
	2, 4, 3, 2	1, 2, 7	3

m	S_4, S_5, S_6, S_7	代表列	强度
4	0, 8, 20, 12	1, 2, 3, 5	4
	1, 4, 22, 12	1, 4, 6, 7	3
	1, 8, 14, 16	1, 2, 5, 6	3
	1, 12, 6, 20	1, 2, 3, 4	3
	2, 8, 16, 12	1, 2, 5, 8	3
	2, 10, 12, 14	1, 2, 3, 6	3
	5, 8, 14, 8	1, 4, 5, 8	3
	5, 12, 6, 12	1, 2, 7, 8	3
5	3, 17, 44, 38	1, 2, 3, 5, 8	3
	3, 19, 38, 44	1, 2, 3, 5, 6	3
	3, 21, 32, 50	1, 2, 3, 4, 5	3
	5, 20, 34, 38	1, 2, 3, 6, 7	3
	5, 22, 28, 44	1, 2, 3, 6, 8	3
6	7, 36, 79, 108	1, 2, 3, 4, 5, 8	3
	7, 38, 71, 120	1, 2, 3, 4, 5, 6	3
	9, 40, 63, 108	1, 2, 3, 6, 7, 8	3
7	13, 62, 143, 248	1, 2, 3, 4, 5, 6, 7	3
8	22, 96, 252, 496	1, 2, 3, 4, 5, 6, 7, 8	3

表 3　**SOA**$(32, 9, 8, 3)$ 的 m 列子列的空间填充字长型

m	S_4, S_5, S_6, S_7	代表列	强度	m	S_4, S_5, S_6, S_7	代表列	强度
2	0, 0, 1, -	1, 2	5	3	1, 2, 4, 4	1, 3, 6	3
	0, 2, 1, -	2, 6	4		1, 3, 5, 1	1, 4, 8	3
	1, 1, 1, -	1, 8	3		1, 3, 5, 3	1, 2, 9	3
	2, 0, 1, -	1, 7	3		1, 3, 6, 1	1, 6, 8	3
3	0, 1, 7, 3	1, 5, 9	4		2, 1, 4, 3	1, 2, 4	3
	0, 1, 8, 1	1, 2, 3	4		2, 1, 6, 3	1, 3, 4	3
	0, 2, 5, 4	1, 2, 5	4		2, 2, 5, 2	1, 2, 7	3
	0, 3, 4, 3	5, 6, 9	4		2, 3, 4, 3	3, 4, 8	3
	0, 3, 5, 3	1, 2, 6	4		2, 3, 5, 1	3, 4, 6	3
	0, 3, 6, 1	2, 5, 9	4		2, 4, 3, 2	1, 6, 7	3
	0, 5, 3, 3	2, 3, 9	4		4, 2, 4, 2	1, 5, 7	3
	0, 6, 3, 2	3, 8, 9	4	4	0, 9, 19, 11	3, 7, 8, 9	4
	1, 0, 5, 6	1, 4, 5	3		1, 5, 23, 9	1, 2, 3, 8	3
	1, 1, 4, 3	1, 3, 5	3		1, 6, 19, 11	1, 5, 6, 9	3
	1, 1, 7, 1	1, 2, 8	3		1, 6, 19, 13	2, 3, 5, 8	3
	1, 2, 3, 6	1, 3, 9	3				

m	S_4, S_5, S_6, S_7	代表列	强度	m	S_4, S_5, S_6, S_7	代表列	强度
4	1, 7, 15, 19	1, 2, 5, 6	3	4	2, 10, 13, 15	3, 5, 8, 9	3
	1, 7, 17, 15	5, 6, 8, 9	3		2, 10, 14, 12	3, 6, 8, 9	3
	1, 7, 18, 16	1, 2, 5, 9	3		3, 3, 17, 19	2, 3, 5, 6	3
	1, 8, 14, 18	4, 5, 6, 8	3		3, 3, 18, 18	2, 3, 5, 7	3
	1, 8, 19, 9	1, 5, 6, 8	3		3, 4, 18, 14	1, 2, 3, 7	3
	1, 9, 13, 17	2, 5, 6, 9	3		3, 4, 18, 14	1, 3, 4, 9	3
	1, 10, 13, 15	2, 3, 8, 9	3		3, 5, 11, 21	4, 5, 7, 9	3
	2, 2, 22, 16	1, 4, 5, 6	3		3, 5, 13, 21	1, 3, 7, 9	3
	2, 3, 19, 17	1, 4, 5, 9	3		3, 5, 14, 16	1, 3, 5, 9	3
	2, 4, 16, 20	1, 2, 3, 5	3		3, 5, 14, 20	1, 2, 4, 5	3
	2, 4, 19, 15	1, 3, 5, 6	3		3, 5, 14, 20	1, 2, 8, 9	3
	2, 5, 18, 16	4, 6, 7, 9	3		3, 6, 12, 18	3, 4, 5, 9	3
	2, 5, 20, 8	2, 5, 7, 8	3		3, 6, 13, 19	1, 2, 4, 6	3
	2, 6, 13, 23	2, 5, 8, 9	3		3, 6, 13, 19	2, 5, 6, 7	3
	2, 6, 14, 20	1, 5, 8, 9	3		3, 6, 15, 13	2, 4, 5, 7	3
	2, 6, 15, 17	1, 3, 5, 8	3		3, 6, 17, 13	3, 4, 6, 9	3
	2, 6, 16, 14	1, 2, 3, 6	3		3, 6, 18, 10	3, 5, 6, 7	3
	2, 6, 16, 16	1, 6, 8, 9	3		3, 7, 10, 18	2, 6, 7, 8	3
	2, 6, 18, 12	1, 4, 5, 8	3		3, 7, 12, 14	2, 4, 7, 8	3
	2, 6, 18, 14	1, 4, 8, 9	3		3, 7, 14, 14	1, 4, 6, 7	3
	2, 6, 19, 11	3, 4, 5, 6	3		3, 7, 14, 14	3, 6, 7, 9	3
	2, 7, 13, 21	2, 3, 7, 9	3		3, 7, 15, 9	1, 2, 4, 8	3
	2, 7, 14, 18	1, 2, 3, 9	3		3, 7, 17, 11	3, 5, 6, 9	3
	2, 7, 15, 15	3, 4, 7, 9	3		3, 8, 11, 15	1, 3, 6, 7	3
	2, 7, 15, 17	1, 3, 6, 8	3		3, 8, 12, 12	2, 4, 5, 9	3
	2, 7, 18, 12	1, 2, 6, 8	3		3, 8, 13, 17	5, 6, 7, 9	3
	2, 8, 12, 16	4, 5, 7, 8	3		3, 8, 15, 11	1, 2, 4, 9	3
	2, 8, 13, 19	3, 4, 5, 8	3		3, 8, 16, 10	3, 4, 6, 7	3
	2, 8, 14, 18	3, 5, 7, 9	3		3, 10, 13, 11	3, 4, 8, 9	3
	2, 8, 16, 12	3, 4, 5, 7	3		4, 3, 14, 18	1, 3, 4, 5	3
	2, 9, 9, 23	1, 3, 8, 9	3		4, 4, 18, 16	1, 3, 4, 6	3
	2, 9, 11, 13	1, 2, 6, 9	3		4, 5, 10, 20	1, 3, 6, 9	3
	2, 10, 10, 16	2, 3, 6, 9	3		4, 5, 14, 16	1, 3, 4, 8	3
	2, 10, 10, 18	2, 6, 7, 9	3		4, 5, 14, 16	1, 3, 7, 8	3
	2, 10, 11, 13	2, 4, 6, 7	3		4, 6, 10, 22	3, 4, 6, 8	3
	2, 10, 12, 14	1, 2, 6, 7	3		4, 6, 13, 19	2, 4, 7, 9	3

m	S_4, S_5, S_6, S_7	代表列	强度	m	S_4, S_5, S_6, S_7	代表列	强度
4	4, 7, 11, 17	1, 6, 7, 9	3	5	5, 11, 39, 58	1, 2, 3, 5, 6	3
	4, 7, 14, 14	1, 2, 7, 9	3		5, 11, 41, 58	4, 6, 7, 8, 9	3
	4, 7, 15, 11	1, 2, 5, 7	3		5, 12, 40, 52	1, 4, 5, 8, 9	3
	4, 8, 15, 7	1, 4, 7, 8	3		5, 12, 40, 54	1, 4, 6, 8, 9	3
	4, 9, 9, 19	2, 4, 6, 8	3		5, 13, 35, 62	1, 2, 3, 5, 9	3
	4, 9, 10, 12	2, 3, 4, 9	3		5, 13, 35, 62	1, 2, 5, 8, 9	3
	5, 4, 18, 10	1, 2, 3, 4	3		5, 13, 38, 56	1, 2, 4, 5, 6	3
	5, 5, 13, 19	1, 4, 5, 7	3		5, 14, 34, 58	4, 5, 6, 7, 8	3
	5, 5, 14, 16	2, 3, 4, 7	3		5, 14, 36, 58	2, 3, 5, 7, 9	3
	5, 5, 15, 11	1, 2, 7, 8	3		5, 14, 37, 56	5, 6, 7, 8, 9	3
	5, 6, 12, 12	1, 2, 4, 7	3		5, 14, 38, 48	3, 5, 6, 7, 8	3
	5, 6, 12, 14	1, 3, 5, 7	3		5, 14, 38, 50	4, 5, 6, 7, 9	3
	5, 7, 14, 10	1, 5, 6, 7	3		5, 14, 42, 42	3, 4, 5, 6, 9	3
	5, 8, 10, 16	1, 6, 7, 8	3		5, 15, 33, 58	1, 2, 6, 8, 9	3
	5, 9, 11, 9	2, 3, 4, 6	3		5, 15, 33, 58	3, 4, 5, 6, 8	3
	6, 6, 14, 8	1, 5, 7, 8	3		5, 15, 36, 52	2, 3, 5, 6, 9	3
5	3, 16, 42, 46	1, 5, 6, 8, 9	3		5, 15, 37, 50	1, 2, 4, 5, 9	3
	3, 18, 36, 48	1, 2, 5, 6, 9	3		5, 15, 38, 44	1, 2, 3, 6, 7	3
	3, 19, 39, 46	3, 5, 7, 8, 9	3		5, 15, 42, 40	3, 4, 5, 6, 7	3
	4, 10, 49, 44	1, 4, 5, 6, 9	3		5, 16, 30, 60	3, 4, 5, 7, 9	3
	4, 12, 47, 42	2, 3, 5, 7, 8	3		5, 16, 31, 60	1, 3, 5, 8, 9	3
	4, 13, 42, 48	1, 2, 3, 5, 8	3		5, 16, 32, 56	2, 3, 6, 7, 9	3
	4, 13, 44, 48	1, 4, 5, 6, 8	3		5, 16, 34, 54	1, 3, 7, 8, 9	3
	4, 14, 41, 50	1, 3, 5, 6, 8	3		5, 16, 34, 56	2, 5, 6, 7, 9	3
	4, 14, 44, 44	1, 2, 3, 6, 8	3		5, 16, 35, 44	2, 4, 5, 7, 8	3
	4, 15, 36, 60	2, 5, 6, 8, 9	3		5, 16, 35, 48	2, 4, 5, 6, 7	3
	4, 15, 38, 48	4, 5, 6, 8, 9	3		5, 17, 31, 56	1, 3, 6, 8, 9	3
	4, 15, 39, 48	2, 3, 7, 8, 9	3		5, 17, 33, 46	1, 2, 4, 6, 9	3
	4, 16, 36, 56	1, 2, 3, 8, 9	3		5, 18, 30, 56	2, 4, 5, 6, 8	3
	4, 16, 37, 50	1, 2, 5, 6, 8	3		5, 18, 31, 52	2, 4, 6, 7, 9	3
	4, 17, 35, 54	2, 3, 5, 8, 9	3		5, 18, 38, 40	3, 5, 6, 8, 9	3
	4, 17, 37, 48	3, 4, 5, 7, 8	3		6, 9, 45, 50	2, 3, 5, 6, 7	3
	4, 17, 38, 46	3, 6, 7, 8, 9	3		6, 9, 46, 48	1, 3, 4, 5, 6	3
	4, 17, 41, 40	3, 4, 7, 8, 9	3		6, 11, 39, 54	1, 3, 4, 5, 8	3
	4, 19, 33, 50	2, 3, 6, 8, 9	3		6, 11, 44, 42	1, 2, 3, 7, 8	3
	4, 19, 34, 42	2, 4, 5, 6, 9	3		6, 12, 35, 56	2, 5, 6, 7, 8	3

m	S_4, S_5, S_6, S_7	代表列	强度	m	S_4, S_5, S_6, S_7	代表列	强度
5	6, 12, 39, 44	1, 3, 5, 6, 9	3	5	7, 13, 37, 48	2, 3, 4, 5, 7	3
	6, 12, 39, 50	1, 4, 6, 7, 9	3		7, 13, 41, 34	1, 2, 3, 4, 8	3
	6, 13, 36, 56	1, 2, 3, 7, 9	3		7, 14, 28, 58	1, 3, 6, 7, 9	3
	6, 13, 38, 48	1, 3, 4, 7, 9	3		7, 14, 31, 54	2, 4, 7, 8, 9	3
	6, 13, 41, 42	1, 4, 7, 8, 9	3		7, 14, 32, 56	1, 6, 7, 8, 9	3
	6, 14, 29, 58	4, 5, 7, 8, 9	3		7, 14, 35, 48	2, 3, 4, 5, 6	3
	6, 14, 33, 58	3, 4, 6, 7, 8	3		7, 14, 36, 42	1, 2, 3, 4, 9	3
	6, 14, 36, 52	1, 3, 4, 8, 9	3		7, 14, 36, 44	1, 3, 5, 6, 7	3
	6, 14, 37, 46	3, 4, 6, 7, 9	3		7, 15, 28, 56	2, 3, 4, 5, 9	3
	6, 15, 30, 52	2, 6, 7, 8, 9	3		7, 15, 30, 56	2, 3, 4, 7, 9	3
	6, 15, 32, 52	2, 4, 5, 7, 9	3		7, 15, 31, 52	1, 4, 6, 7, 8	3
	6, 15, 34, 52	1, 2, 4, 6, 8	3		7, 15, 35, 42	1, 3, 4, 7, 8	3
	6, 15, 38, 46	1, 2, 5, 7, 9	3		7, 16, 31, 46	1, 2, 6, 7, 8	3
	6, 15, 38, 46	3, 5, 6, 7, 9	3		7, 16, 34, 44	1, 5, 6, 7, 9	3
	6, 16, 27, 52	1, 2, 3, 6, 9	3		7, 16, 35, 44	1, 3, 4, 6, 7	3
	6, 16, 31, 54	1, 3, 6, 7, 8	3		7, 17, 34, 40	2, 3, 4, 6, 7	3
	6, 16, 34, 48	1, 2, 4, 8, 9	3		7, 20, 28, 42	2, 3, 4, 8, 9	3
	6, 16, 34, 50	3, 4, 6, 8, 9	3		8, 10, 35, 56	1, 2, 3, 4, 5	3
	6, 16, 35, 48	2, 3, 4, 5, 8	3		8, 12, 33, 50	1, 2, 7, 8, 9	3
	6, 17, 26, 56	2, 4, 6, 7, 8	3		8, 13, 37, 44	1, 2, 3, 4, 6	3
	6, 17, 27, 56	2, 4, 5, 8, 9	3		8, 13, 39, 34	1, 2, 5, 7, 8	3
	6, 17, 29, 54	3, 4, 5, 8, 9	3		8, 14, 32, 46	1, 3, 4, 5, 7	3
	6, 17, 30, 56	2, 4, 6, 8, 9	3		8, 14, 36, 40	1, 4, 5, 7, 8	3
	6, 17, 32, 48	1, 2, 5, 6, 7	3		8, 15, 31, 48	1, 2, 4, 5, 7	3
	6, 18, 29, 46	1, 2, 4, 6, 7	3		8, 15, 33, 42	1, 5, 6, 7, 8	3
	6, 19, 26, 50	1, 2, 6, 7, 9	3		8, 15, 34, 42	1, 2, 4, 7, 9	3
	6, 19, 29, 44	2, 3, 4, 6, 9	3		8, 16, 28, 52	2, 3, 4, 6, 8	3
	7, 9, 41, 52	1, 3, 4, 6, 9	3		8, 16, 32, 34	1, 2, 4, 7, 8	3
	7, 10, 36, 50	1, 3, 4, 5, 9	3		9, 13, 36, 38	1, 2, 3, 4, 7	3
	7, 11, 35, 56	1, 4, 5, 7, 9	3	6	8, 26, 89, 121	1, 4, 5, 6, 8, 9	3
	7, 11, 36, 60	1, 3, 4, 6, 8	3		8, 29, 83, 124	2, 3, 5, 7, 8, 9	3
	7, 12, 36, 52	1, 2, 3, 5, 7	3		8, 30, 75, 139	1, 2, 5, 6, 8, 9	3
	7, 12, 40, 46	1, 4, 5, 6, 7	3		8, 31, 79, 118	1, 2, 4, 5, 6, 9	3
	7, 13, 32, 56	1, 3, 5, 7, 9	3		9, 26, 82, 127	1, 2, 3, 5, 6, 8	3
	7, 13, 33, 54	1, 5, 7, 8, 9	3		9, 28, 73, 148	1, 2, 3, 5, 8, 9	3
	7, 13, 37, 46	2, 3, 4, 7, 8	3		9, 29, 78, 128	1, 2, 4, 5, 6, 8	3

m	S_4, S_5, S_6, S_7	代表列	强度	m	S_4, S_5, S_6, S_7	代表列	强度
6	9, 30, 74, 127	2, 3, 6, 7, 8, 9	3	6	11, 25, 84, 112	1, 2, 3, 5, 7, 8	3
	9, 30, 77, 128	2, 3, 5, 6, 8, 9	3		11, 26, 73, 142	1, 2, 3, 5, 7, 9	3
	9, 30, 78, 123	1, 3, 5, 6, 8, 9	3		11, 27, 81, 115	2, 3, 4, 5, 6, 7	3
	9, 31, 70, 136	1, 2, 3, 6, 8, 9	3		11, 28, 67, 134	2, 4, 5, 7, 8, 9	3
	9, 31, 80, 116	3, 5, 6, 7, 8, 9	3		11, 28, 75, 120	1, 3, 5, 6, 7, 8	3
	9, 32, 70, 131	2, 4, 5, 6, 8, 9	3		11, 29, 65, 143	2, 3, 4, 5, 7, 9	3
	9, 32, 70, 131	3, 4, 5, 7, 8, 9	3		11, 29, 65, 135	1, 2, 3, 6, 7, 9	3
	9, 32, 72, 125	2, 4, 5, 6, 7, 9	3		11, 29, 65, 139	2, 4, 6, 7, 8, 9	3
	10, 22, 87, 127	2, 3, 5, 6, 7, 8	3		11, 29, 69, 133	2, 3, 4, 5, 6, 8	3
	10, 23, 85, 136	1, 3, 4, 5, 6, 8	3		11, 29, 73, 127	1, 5, 6, 7, 8, 9	3
	10, 26, 74, 140	4, 5, 6, 7, 8, 9	3		11, 30, 71, 122	1, 2, 4, 5, 6, 7	3
	10, 26, 76, 138	2, 5, 6, 7, 8, 9	3		11, 30, 72, 119	2, 3, 4, 7, 8, 9	3
	10, 26, 80, 134	2, 3, 5, 6, 7, 9	3		11, 30, 74, 115	1, 2, 3, 4, 8, 9	3
	10, 27, 72, 135	1, 2, 3, 5, 6, 9	3		11, 31, 67, 127	2, 3, 4, 6, 7, 9	3
	10, 27, 79, 126	1, 2, 3, 7, 8, 9	3		11, 32, 64, 131	2, 3, 4, 5, 8, 9	3
	10, 27, 81, 118	1, 2, 3, 6, 7, 8	3		11, 32, 66, 119	1, 2, 4, 6, 7, 9	3
	10, 28, 73, 133	3, 4, 5, 6, 7, 8	3		11, 34, 63, 126	2, 3, 4, 6, 8, 9	3
	10, 28, 74, 132	1, 2, 4, 5, 8, 9	3		12, 23, 79, 132	1, 2, 3, 4, 5, 6	3
	10, 28, 76, 130	3, 4, 6, 7, 8, 9	3		12, 25, 70, 137	1, 2, 3, 4, 5, 9	3
	10, 28, 78, 124	3, 4, 5, 6, 7, 9	3		12, 25, 74, 127	1, 4, 5, 7, 8, 9	3
	10, 28, 80, 118	2, 3, 4, 5, 7, 8	3		12, 25, 75, 128	1, 2, 5, 7, 8, 9	3
	10, 29, 69, 136	2, 4, 5, 6, 7, 8	3		12, 26, 68, 134	1, 3, 4, 5, 7, 9	3
	10, 29, 79, 116	1, 3, 4, 7, 8, 9	3		12, 26, 76, 122	1, 4, 5, 6, 7, 8	3
	10, 30, 70, 134	1, 2, 4, 6, 8, 9	3		12, 26, 77, 123	1, 2, 3, 4, 6, 8	3
	10, 30, 72, 132	1, 3, 5, 7, 8, 9	3		12, 26, 80, 114	1, 3, 4, 5, 6, 7	3
	10, 30, 74, 124	3, 4, 5, 6, 8, 9	3		12, 27, 73, 122	1, 3, 5, 6, 7, 9	3
	10, 31, 68, 135	1, 3, 6, 7, 8, 9	3		12, 27, 75, 118	1, 3, 4, 5, 7, 8	3
	10, 31, 72, 121	2, 3, 4, 5, 6, 9	3		12, 28, 68, 132	2, 3, 4, 6, 7, 8	3
	10, 33, 69, 122	1, 2, 5, 6, 7, 9	3		12, 28, 69, 133	1, 3, 4, 6, 7, 8	3
	11, 21, 89, 115	1, 3, 4, 5, 6, 9	3		12, 28, 70, 118	1, 2, 3, 4, 6, 9	3
	11, 25, 75, 135	1, 3, 4, 5, 8, 9	3		12, 28, 71, 119	1, 2, 5, 6, 7, 8	3
	11, 25, 77, 135	1, 4, 6, 7, 8, 9	3		12, 29, 62, 135	1, 2, 6, 7, 8, 9	3
	11, 25, 77, 137	1, 3, 4, 6, 8, 9	3		12, 29, 70, 123	1, 2, 4, 5, 7, 9	3
	11, 25, 79, 127	1, 2, 3, 5, 6, 7	3		12, 31, 63, 122	1, 2, 4, 6, 7, 8	3
	11, 25, 81, 119	1, 2, 3, 4, 5, 8	3		13, 27, 72, 118	1, 2, 3, 4, 7, 9	3
	11, 25, 82, 120	1, 4, 5, 6, 7, 9	3		13, 27, 77, 99	1, 2, 3, 4, 7, 8	3

m	S_4, S_5, S_6, S_7	代表列	强度	m	S_4, S_5, S_6, S_7	代表列	强度
6	13, 28, 70, 113	1, 2, 4, 7, 8, 9	3	7	18, 49, 138, 277	1, 3, 4, 5, 7, 8, 9	3
	13, 29, 73, 103	1, 2, 4, 5, 7, 8	3		18, 50, 134, 284	1, 2, 5, 6, 7, 8, 9	3
	13, 30, 72, 107	1, 2, 3, 4, 6, 7	3		18, 51, 135, 277	1, 2, 3, 4, 6, 8, 9	3
	14, 26, 69, 121	1, 2, 3, 4, 5, 7	3		18, 52, 130, 282	2, 3, 4, 6, 7, 8, 9	3
7	15, 52, 145, 278	1, 2, 4, 5, 6, 8, 9	3		19, 45, 146, 267	1, 3, 4, 5, 6, 7, 9	3
	16, 48, 152, 274	2, 3, 5, 6, 7, 8, 9	3		19, 46, 143, 274	1, 3, 4, 5, 6, 7, 8	3
	16, 50, 140, 292	1, 2, 3, 5, 6, 8, 9	3		19, 50, 135, 266	1, 2, 4, 5, 6, 7, 8	3
	17, 45, 154, 275	1, 3, 4, 5, 6, 8, 9	3		19, 50, 141, 248	1, 2, 3, 4, 7, 8, 9	3
	17, 48, 145, 284	1, 2, 3, 5, 7, 8, 9	3		19, 51, 126, 281	1, 2, 4, 6, 7, 8, 9	3
	17, 50, 134, 292	2, 4, 5, 6, 7, 8, 9	3		20, 47, 142, 261	1, 2, 3, 4, 5, 6, 7	3
	17, 50, 139, 282	5, 4, 5, 6, 7, 8, 9	3		20, 47, 144, 247	1, 2, 3, 4, 5, 7, 8	3
	17, 51, 135, 283	1, 2, 3, 6, 7, 8, 9	3		20, 48, 134, 268	1, 2, 4, 5, 7, 8, 9	3
	17, 51, 140, 277	2, 3, 4, 5, 6, 7, 9	3		20, 48, 128, 288	1, 2, 3, 4, 5, 7, 9	3
	17, 52, 141, 268	1, 3, 5, 6, 7, 8, 9	3		20, 49, 136, 261	1, 2, 3, 4, 6, 7, 8	3
	17, 52, 135, 280	2, 3, 4, 5, 7, 8, 9	3		20, 50, 130, 266	1, 2, 3, 4, 6, 7, 9	3
	17, 54, 133, 276	2, 3, 4, 5, 6, 8, 9	3	8	27, 80, 248, 546	1, 2, 3, 5, 6, 7, 8, 9	3
	17, 54, 137, 260	1, 2, 4, 5, 6, 7, 9	3		27, 82, 242, 548	2, 3, 4, 5, 6, 7, 8, 9	3
	18, 45, 148, 279	1, 2, 3, 4, 5, 6, 8	3		28, 78, 250, 540	1, 3, 4, 5, 6, 7, 8, 9	3
	18, 45, 150, 265	1, 2, 3, 5, 6, 7, 8	3		28, 82, 238, 540	1, 2, 4, 5, 6, 7, 8, 9	3
	18, 46, 146, 278	1, 4, 5, 6, 7, 8, 9	3		29, 80, 240, 534	1, 2, 3, 4, 5, 6, 7, 9	3
	18, 47, 142, 273	1, 2, 3, 4, 5, 6, 9	3		29, 82, 234, 536	1, 2, 3, 4, 6, 7, 8, 9	3
	18, 47, 142, 279	2, 3, 4, 5, 6, 7, 8	3		30, 76, 248, 524	1, 2, 3, 4, 5, 6, 7, 8	3
	18, 48, 138, 286	1, 2, 3, 4, 5, 8, 9	3	9	42, 124, 400, 976	1, 2, 3, 4, 5, 6, 7, 8, 9	3
	18, 48, 140, 286	1, 3, 4, 6, 7, 8, 9	3